Yb:Er 共掺材料光致发光特性理论与应用

尹洪杰　著

北　京
冶　金　工　业　出　版　社
2023

内 容 提 要

本书主要内容包括：掺 Er 体系材料性能及其应用介绍，Yb：Er 共掺 Al_2O_3 薄膜制备及光致发光特性测量，Yb：Er 共掺材料光致发光特性数值分析，掺 Er、Yb：Er 共掺硅酸盐玻璃的温度特性，以及掺 Er 材料未来的发展。

本书可供光学专业的研究生以及本科生阅读，也可供从事 Yb：Er 共掺材料的科研院所人员参考。

图书在版编目(CIP)数据

Yb：Er 共掺材料光致发光特性理论与应用/尹洪杰著．—北京：冶金工业出版社，2023.8

ISBN 978-7-5024-9622-7

Ⅰ．①Y…　Ⅱ．①尹…　Ⅲ．①稀土族—光致发光—发光材料—研究　Ⅳ．①TB39

中国国家版本馆 CIP 数据核字(2023)第 163268 号

Yb：Er 共掺材料光致发光特性理论与应用

出版发行	冶金工业出版社	**电　　话**	(010)64027926
地　　址	北京市东城区嵩祝院北巷 39 号	**邮　　编**	100009
网　　址	www.mip1953.com	**电子信箱**	service@mip1953.com

责任编辑　姜恺宁　美术编辑　吕欣童　版式设计　郑小利

责任校对　梅雨晴　责任印制　窦　唯

三河市双峰印刷装订有限公司印刷

2023 年 8 月第 1 版，2023 年 8 月第 1 次印刷

710mm × 1000mm　1/16；6 印张；101 千字；90 页

定价 69.00 元

投稿电话　(010)64027932　投稿信箱　tougao@cnmip.com.cn

营销中心电话　(010)64044283

冶金工业出版社天猫旗舰店　yjgycbs.tmall.com

(本书如有印装质量问题，本社营销中心负责退换)

前　言

Er是一种稀土金属，因为具有特殊的能级结构和电子结构，在材料中的应用非常广泛。掺Er材料中，Er可以作为激活离子，参与晶体的电子能级结构，从而影响晶体的光学、电学、磁学等性质，在光放大器、激光器、彩色显示器和温度传感器等领域存在着巨大的应用潜力。

在光纤通信技术方面，掺Er光纤放大器是光纤通信中最常见的放大器，它可以增加光信号的强度，提高信号的传输距离和速率。在激光器材料方面，掺Er材料可以用于制作固体激光器，其具有短脉冲、高功率和高效率等优点，广泛应用于医疗、工业、科学研究等领域。在稀土材料方面，Er是重要的稀土元素之一，掌握其掺杂机理和性能有利于深入研究其他稀土材料的性质和应用。在生物医学应用方面，掺Er材料广泛应用于生物标记、荧光成像和生命检测等。在量子信息处理方面，掺Er材料具有优异的量子性能，可以被用作量子比特，研究其量子性质有助于开发更加先进的量子信息处理技术。因此对掺Er材料的制备和发光机理等方面的实验和理论分析有着重要的意义。

本书首先用中频磁控溅射方法在SiO_2/Si基底上制备了Yb：Er共掺Al_2O_3薄膜，讨论了沉积时间、样品偏压和退火等工艺参数对薄膜样品的表面形貌、光致发光特性的影响。其次，考虑激发态吸收、两级合作上转换和交叉弛豫等非线性效应，建立了Yb：Er共掺Al_2O_3材料八个能级的速率方程，和Yb：Er共掺硅酸盐玻璃材料九个能级的速率方程，分别唯象地构造了三种上转换系数随Yb：Er掺杂浓度的变化函数，数值分析了Yb：Er共掺Al_2O_3材料、Yb：Er共掺硅酸盐玻璃材料光致发光强度与掺杂浓度、抽运功率的变化关系。最后，介绍了掺 Er、Yb：Er 共掺硅酸盐玻璃样品的制备工艺，并探究了两种玻璃样品的温度特性，为高灵敏温度传感器、温度测量系统地研制提供参考依据。

因作者水平所限，书中不妥之处，希望广大读者批评指正。

作　者

2023 年 4 月

目　　录

1 绪 论

1.1 掺 Er 体系材料应用价值

镧系稀土元素大多数有着丰富的能级结构和光谱特性，长期以来是关注的热点。在镧系稀土元素中，68 号元素 Er 的三价离子在全光通信、可调谐激光器、温度传感器等领域有着重要的应用和发展潜力，近年来更激发了人们的研究兴趣。

众所周知，光纤通信频带宽、信息容量大、造价低和抗干扰性好，光缆铺设已遍及长途干线、局域网，构成重要的信息传输网络。当前，正向光纤到户（FTTH，fiber to the home）推进。虽然光纤损耗也接近理论极限（0.2dB/km），但长距离光信息传输仍须像电信号一样进行中继放大。早期的中继放大形式为光—电—光模式，即上级光纤中传输来的多路（最少几百路）光信号经波分复用器（WDM，wavelength division multiplexing）分开，将每路光信号转换为电信号（O—E 转换），放大后再变为光信号（E—O 转换），经波分复用器耦合到一根光纤中作为下级传输。由于电子器件及光电转换器件的介入，传输速率和传输带宽等均受到限制；同时系统设备多，导致工作稳定性不高。

1986 年，Laming 等人[1]研制出掺 Er 光纤放大器（EDFA，erbium-doped fiber amplifier），并应用于光纤通信的中继放大中，如图 1.1 所示，使光纤通信朝全光网络（AON，all optical net）通信系统迈出了坚实的一步。掺 Er 光纤的光放大原理如图 1.2 所示。在 980nm 激光器抽运下，三价 Er^{3+} 由基态 $^4I_{15/2}$ 跃迁至激发态 $^4I_{11/2}$（能级寿命约为 30μs），快速辐射跃迁（2760nm）后回到 $^4I_{13/2}$（能级寿命 8ms 左右），Er^{3+} 的亚稳态 $^4I_{13/2}$ 与基态 $^4I_{15/2}$ 间形成粒子数反转，且其能级差对应的 1530nm 波长，是通信光纤的最低损耗窗口之一。当 1530nm 光信号耦合到掺 Er 光纤放大器时，引起亚稳态上 Er 粒子的受激辐射，输入的光信号被放大。随着光纤制造技术和光电器件制造技术的飞速发展，以及超大规模集成电路技术和微处理机技术的发展，带动了光纤通信系统从小容量到大容量、从短距离到长距离、从低水平到高水平、从旧体制（PDH）到新体制（SDH）的迅猛发展。因而要求全光通信将向小型化、集成化方向发展。但掺Er光纤放大器需几十米的光纤，不利于集成化。

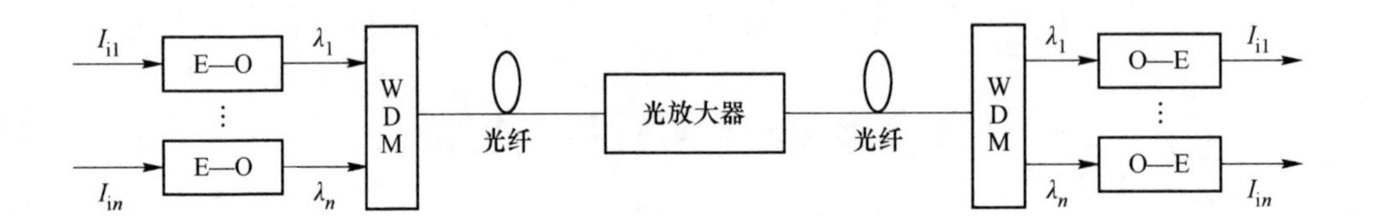

图1.1　全光中继通信示意图

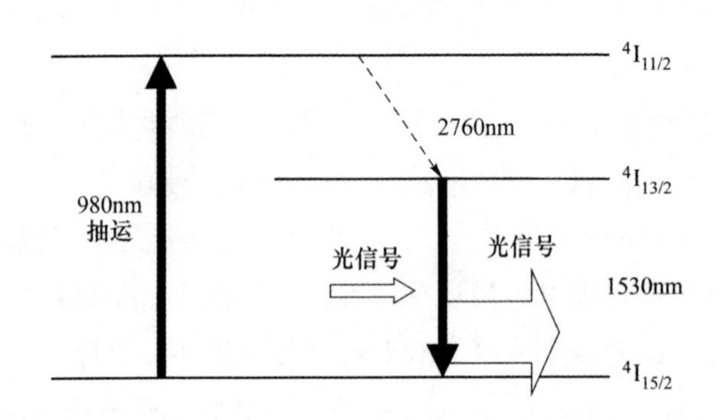

图1.2　980nm抽运下Er^{3+}能级跃迁简图

1996年，荷兰Hoven等人研制成功4cm长的掺Er Al_2O_3平面光波导放大器[2]，获得2.3dB的净增益，如图1.3所示。掺Er光波导放大器（EDWA，erbium-doped waveguide amplifier）可以掺杂高浓度的Er^{3+}，能够在微小的芯片面积上获得高的光信号增益，易与隔离器、相位阵列波导、波分复用器、调制器、光开关、光交叉连接器、光滤波器、光探测器和激光器等有源、无源器件集成在一个芯片中，既解决了器件对接问题，使诸多光学功能在一块芯片中无损耗地完成，组成高效的光电集成器件，又提高器件的可靠性。同时，掺Er光波导放大器又具有噪声系数低、极化相关性小和通道间串扰弱等优点，也将是光电子集成（OEIC，optics-electronics integrate circuit）研究的基础，各国学者和商业公司无疑对掺Er光波导放大器产生极大兴趣[3-5]。

掺Er^{3+}材料除在光放大器研究中有着重要的意义，在激光器领域也有着广

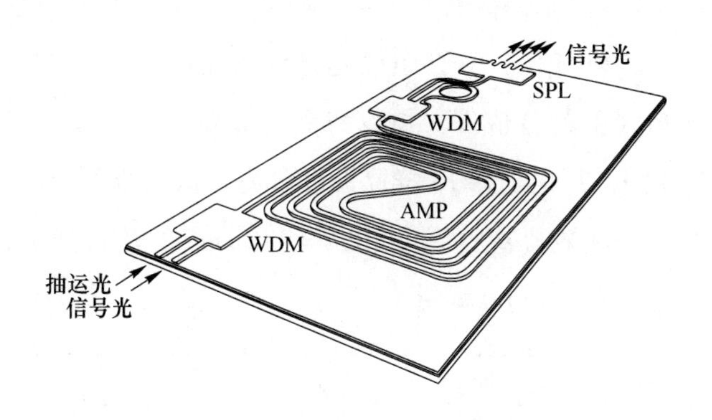

图 1.3 集成平面光波导放大器

泛的应用。如 1530nm 近红外光是人眼的安全波段，有利于军事和民用激光测距等；中红外的 2760nm 波段对水分子而言有着强烈的吸收能力，其激光器可以对含水病变组织进行精确切除，并能够减少皮肤灼伤、降低麻醉药用量、缩短术后恢复时间，在癌症、近视矫正、美容等医学诊断、治疗方面大显身手。

由于 Er^{3+} 也有着丰富的能级结构，在确定的抽运波长下，会产生不同程度的各种上转换，辐射出可见波段的光。上转换发光对近红外光放大器会产生负面影响，即增加背景噪声，使信号调制度降低。但上转换发光在短波长激光器、彩色显示等研究方面有重大的应用和发展潜力，如信息处理、数据存储、水下通信、视频现实和表面处理技术等。上转换发光与其他方法（非线性光学晶体倍频、宽带隙半导体材料）获得短波长相比有一定的优势：（1）可以降低光致电离作用引起的大能级带隙基质材料衰退；（2）不需要严格的相位匹配，对抽运波长的稳定性要求较低；（3）方便制作可调谐激光器。

特别是近年来利用掺 Er 材料研究高温、高精度传感器取得很大的进展。虽然温度测量有多种方式，如热电偶、光纤温度传感器等，但多为绝对量测量，存在着测温上限和灵敏度两个重要指标不能同时兼顾的矛盾。利用 Er^{3+} 光致发光的 534nm、549nm 两条上转换绿光光谱的荧光强度比（FIR，fluorescence intensity ratio）测量高温技术是利用同一传感器的掺杂离子相邻能级间（$^2H_{11/2}$、$^4S_{3/2} \rightarrow {}^4I_{15/2}$）发射的两光束强度的相对比值，较好地克服了环境的干扰，显著地提高了测量灵敏度，已达 0.00219K^{-1}。而且，传感探头与控制、显示系统之间可以采用光纤耦合，非常适合于特殊环境下的温度测量。

图 1.4(a)是 980nm 半导体激光器抽运激发下，室温测量时掺 Er 硅酸盐玻璃上转换红光（$^4F_{9/2}\to{}^4I_{15/2}$）和两条绿光光致发光谱。图 1.4(b)为不同温度下，绿光荧光光谱强度的合成图。可以看到：低温时，549nm 绿光强度 I_{549} 弱于 534nm 绿光强度 I_{534}；但随掺 Er 样品温度升高，低能级（$^4S_{3/2}$）上的粒子数借助于热激发，克服硅酸盐基质下 Er^{3+} $\Delta E=512cm^{-1}$ 的能带间隙，跃迁至高能级 $^2H_{11/2}$，导致 I_{534} 增强，而 I_{549} 减弱。

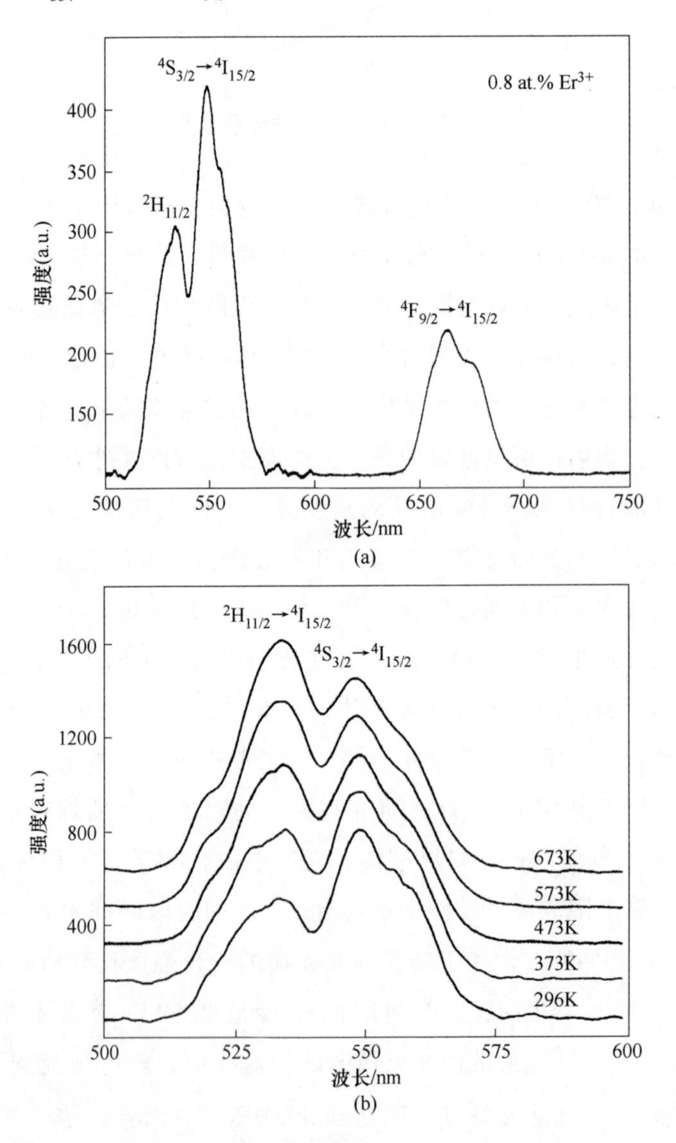

图 1.4　室温上转化可见光波段光谱(a)和绿上转换光谱随温度变化关系(b)

李淑凤等数值计算了掺 Er 材料不同抽运波长的光致发光特性[6]，表明 980nm 是一个值得优先选择的波长。但 Er^{3+} 对 980nm 吸收截面较小，为 $2.58\times10^{-21}cm^2$，而同为稀土的 70 号元素 Yb^{3+} 离子对 980nm 抽运光的吸收截面比 Er 约大一个量级，为 $2\times10^{-20}cm^2$。Yb^{3+} 离子的能级结构非常简单，为典型的二能级系统，值得注意的是 Yb^{3+} 离子 $^2F_{5/2}\rightarrow{}^2F_{7/2}$ 能级差与 Er^{3+} $^4I_{11/2}\rightarrow{}^4I_{15/2}$ 能级间隔近似相等。在 Yb^{3+}/Er^{3+} 共掺系统中，用 Yb 作为敏化剂，通过 Yb：Er 间的共振能量传递，将抽运能量从 Yb^{3+} 转移到 Er^{3+}，为 Er^{3+} 提供了一种间接的、高效的抽运方式。Yb^{3+} 不仅对 980nm 波长抽运光的吸收截面大，而且吸收带（800～1064nm）和激发带（970～1200nm）都很宽，抽运源选择相当灵活。同时，Yb 本身的浓度猝灭效应很弱，容易实现高浓度掺杂。更重要的是，Yb^{3+} 的掺入，能够较好地抑制 Er^{3+} 离子团簇的形成，减少 Er 浓度猝灭现象，极大地改善了 Er^{3+} 的光致发光特性。因此，Yb：Er 共掺体系研究成为重点方向。

综上所述，掺 Er、Yb：Er 共掺材料在众多领域具有巨大的应用价值，对其进行理论和实验的深入研究，无疑有着重要的意义。

1.2 掺 Er 体系基质材料的选择

1842 年，瑞典人 Mosander 首次用电解熔融氯化 Er 方法制得镧系稀土元素 Er[7]（Er，erbium）。Er 的原子序数为 68，相对原子质量 167.26，原子半径 2.45Å（1Å = 0.1nm）。其原子的电子组态为 $1s^22s^22p^63s^23p^63d^{10}4s^24p^64d^{10}4f^{12}5s^25p^66s^2$，价电子组态为 $4f^{12}6s^2$，位于第六周期ⅢB 族，三价离子半径为 0.881Å。单质 Er 是银灰色、有光泽金属，质软、有延展性，密度 $9.01g/cm^3$，熔点 1529℃，沸点 2863℃。在干燥空气中，Er 的化学性质很稳定，不溶于水、能溶于酸。其盐类呈粉红或红色，氧化 Er 为玫瑰红色，可用于生产半导体材料、特种合金和陶瓷的彩釉。

理论计算和实验测量得知，一般情况下 Er^{3+} 比 Er^{2+} 更稳定，即 Er 原子很容易失去最外层两个 6s 电子和 4f 电子层的一个电子。此时 5s 和 5p 的电子数量保持不变，且电子轨道半径比 4f 的大，因此在它们的良好屏蔽下，使 Er^{3+} 光的发射和吸收受到温度、外界及周围晶体场的微扰影响比较小，能提供光通信窗口波长 1530nm 的光放大[8]。

掺 Er 体块、薄膜样品的制备，有很多基质材料供选择。这些样品的性质也受到温度和湿度的影响。目前，研究比较多的基质材料有：Si、SiO_2、钇铝石榴石、陶瓷、磷硅玻璃、钠钙硅玻璃、$LiNbO_3$、Y_2O_3、有机物等[9]。近年来，更多学者集中研究各种掺 Er 酸盐玻璃和 Al_2O_3 的物理、化学特性。

硅酸盐玻璃[10-12]是最为常用的玻璃体系，具有化学稳定性好、机械强度高等优点。它的缺点是熔炼温度较高，制备起来难度大。磷酸盐玻璃[13-14]对 Er 元素有较好的熔融度，可进行高浓度掺杂，同时用磷酸盐玻璃制备的掺 Er 光波导放大器具有低淬灭、高增益、低阈值等特点，是比较理想的基质材料。碲酸盐玻璃[15]作为掺 Er 基质的最大优点是受激发射截面大，增益带宽宽，是硅酸盐、磷酸盐的受激发射截面的两倍以上。铋酸盐玻璃[16]同样具有受激发射截面大、半值宽度宽的优势，但 B_2O_3 的存在也引起了强烈的荧光淬灭效应。氟化物材料[17]同样具有较高的上转换效率，但它的物理、化学性质稳定性差的特点限制了它的广泛应用。

Al_2O_3 作为掺 Er 样品的基体材料，有着其他材料无可比拟的优点：(1) Al_2O_3 的折射率与衬底 SiO_2 的折射率相差较大，对信号光、抽运光电磁场有很强的约束，能够保证弯曲处小的曲率半径处模泄漏也非常小，利于在微小的膜片上集成多种有源、无源光学器件；(2) Er_2O_3 与 Al_2O_3 化合价相同，晶格常数相似，因此在 Al_2O_3 的基质中可以掺杂高浓度的 Er^{3+}，从而在较短的尺寸内得到较高的增益；(3) Al_2O_3 具有绝缘、耐高温、耐磨及抗腐蚀等非常好的物理特性和化学性质。在平面光波导放大器、微型环激光器、高温光学传感器等方面扮演重要的角色。

1.3　掺 Er 体系材料性能及其应用研究的国内外进展

稀土掺杂的材料性能和应用研究涉及到材料学、物理学、化学、电子学等多学科交叉领域。对于掺 Er 材料，各国科学家的研究侧重于 (1) 掺 Er 样品（体块、光纤、薄膜）制备工艺（熔胶凝胶、磁控溅射、化学气相沉积、脉冲激光沉积等）的探索；(2) 不同基质材料下（Al_2O_3、各种酸盐玻璃、陶瓷等）Er^{3+} 的能级结构和光谱特性；(3) 共掺杂元素（Yb、钇、银、铥、铵等）选择；(4) 在光电子器件、激光器、传感器等方面应用的理论与实验研究。

1959 年，American Optical 公司和 Hicks 合作，拉制光纤进行单模传输，Elias Snitzer 认为光纤是一种合适的单模波导体。

1964年，Snitzer等人[18]发现，如果在光纤中掺入少量的稀土元素作为激活介质，可以制成光纤放大器。

1983年，Ennen等人[19]首次观察到Si（Er）在20K下1540nm的光致发光谱（PL，Photoluminescence），此波长恰好是光纤通信中石英光纤的吸收窗口，且不随温度和激发光强度而改变，具有稳定性好而又抗辐射等优点，具有诱人的应用前景。

1991年，美国Bell实验室的Benton等人[20]采用离子注入法，然后高温退火，使Er^{3+}进入Si的格点位置，受到激活。研究表明，退火温度对Er^{3+}的激活效果有显著影响，而且，Si中微量氧的存在对激活效果也有明显的协助作用。

1993年，加拿大Efeogu等人[21]利用分子束外延法（MBE，molecular beam extension），把制成的材料做成发光二极管，在77K温度下分别测量了光致发光光谱（PL）和电致发光光谱（EL，electroluminescence），首次看到了1530nm处Er^{3+}离子峰的EL发射。

1995年，荷兰的Hoven等人[22]利用低压化学气相外延法（LPCVD，low-pressure chemical vapour deposition）生长了无定型SiO_2薄膜，再用离子注入法掺Er，提高了Er的发光效率。

1996年，Hoven等人[2]用射频磁控溅射法，在SiO_2薄膜上沉积了一层Al_2O_3薄膜，用9mW、1480nm的半导体激光器抽运，在4cm长的波导中获得了2.3dB的净增益，同时给出了相关的Er^{3+}能级截面参数、材料浓度参数、Er^{3+}能级的上转换系数以及波导的结构参数。

1997年，Yan等人[23]制备了硅基掺Er磷酸盐玻璃波导放大器，获得了4.1dB/cm的单位净增益。

1998年，加拿大科学家Shooshtrai等人[24]发现在掺Er光波导放大器中如果共掺Yb，就能较大地提高掺Er光波导放大器的增益性能。文中讨论Yb：Er^{3+}间能量的转化方式和速率方程，并数值模拟了矩形Yb：Er共掺光波导放大器的净增益特性。

1999年，Lanzerstorfer等人[25]利用脉冲激光器沉积，研究了不同沉积参数和沉积材料的掺Er SiO_2玻璃膜的制作。发现随着激光消除时氧背景压力的增加，SiO_2：Er的荧光剧烈地增长。Sousa等人[11]研究了Er：Yb共掺情况下，利用Er^{3+}合作上转换效应，分别在418nm、980nm波长激光器抽运下观察到红光、绿光及红外荧光。

2000 年，Kozanecki 等人[26]发现 Yb：Er 共掺 SiO_2 薄膜中，如果掺有一定量的 Yb 离子，那么 Er^{3+} 的荧光强度会提高，并且与掺 Yb 浓度成正比。对于一定的掺杂，存在一个最佳 Yb、Er 掺杂浓度比值。

2001 年，Seo 等人[27]研究了掺 Er 富硅氧化硅中激发态 Er^{3+} 的耦合及其动力学特性。Strohhöfer 等人[28]研究了敏化剂银在掺 Er 硼硅酸盐中的作用，发现荧光强度显著增强。原因是 $Na^+ \rightleftharpoons Ag^+$ 离子交换使在 488nm 波长抽运下的 Er 受激吸收系数提高 70 倍。

2003 年，Strohhöfer 等人[29]测量了 Er：Yb 共掺氧化铝光波导的吸收谱和发射谱，给出 Er、Yb 的吸收截面和发射截面，研究了光波导中 Yb、Er 能量的转移系数。

2004 年，Filhol 等人提出了一种基于荧光强度比的新型光学温度传感器的应用，灵敏度有较大提高。同年，Vahala 等人对高 Q 值掺 Er 环形腔激光器的设计制备与相关特性作了细致的报道，并利用这种高灵敏度的激光器进行了一系列光学非线性研究。

2005 年，Camargo 等人[30]讨论了掺 Er、Yb：Er 共掺钛酸锆酸镧铅透明铁电陶瓷 2760nm 波段的光致发光特性及其应用潜力。Weber 等人[31]详细分析了掺 Er 铝酸盐近红外和中红外的荧光特性。

2006 年，Barbosa 等人[32]详细分析了 Yb：Er 共掺磷酸盐玻璃的近红外、上转换可见光光谱的光致发光特性；Michael[33]对半导体光电放大器的抗拉应变体积的宽波段稳态进行了数值模拟。这种模型是以一组行波方程为基础，用来控制放大信号的传播、自发辐射光子的速率和一个载流子密度速率方程。这种模型应用于宽范围的工作体制，它可以用来决定放大的几何和材料参数的影响。同实验相比较，显示了此种模型的多功能性。

2006 年，Singh 等人[34]研究了掺 Er Li：TeO_2 玻璃的高温特性，上限温度可以达到 530K。

2007 年，Tripathi 等人[35]讨论了掺 Er Bi_2O_3-Li_2O-BaO-PbO 玻璃的高温特性，上限温度为 428K。Kumar 等人[36]发现在 Er^{3+} 掺杂的 TeO_2-Na_2O-PbX(X = O,F) 玻璃基质中，光致发光谱显著增强。

国内对掺 Er 材料的理论研究、实验检测及其应用探索也方兴未艾，代表的科研院所有：上海光机所（侧重于各种酸盐玻璃基质的共掺杂材料性能和光致发光特性)、北京半导体所（重点在于硅基掺 Er^{3+} 微观动力学模型构建、光电子器件研制)、长春光机所（探索掺 Er 材料可见光波段的电致发光特性)、清华大学（掺 Er 光纤放大器商业化系统)、大连理工大学（宋昌烈教授课题组侧重点为掺 Er 氧化铝薄膜制备工艺探索、有源光波导放大器器件的理论与实验研究、掺 Er 硅酸盐玻璃的上转换特性及光学温度传感器研究；雷明凯教授课题组侧重于氧化铝基质掺 Er、Yb：Er、Yb Er 共掺杂纳米粉材料特性和光致发光特性的研究)，等等。

1998 年，谢大韬等人[37]用凝胶法合成掺 Er 硅酸盐玻璃，室温测得 1550nm 波段的荧光谱。掺 Er 浓度为 0.5wt.%时，光致发光强度最大。

2000 年，雷红兵等人[38]发现了 Er^{3+} 在硅中呈现弱施主特性，O、Er 双掺杂可提高施主浓度两个数量级。氧杂质与 Er^{3+} 形成复合体，其施主能级可能是 Er^{3+} 发光能量转换的重要通道。提出了掺 Er 硅光致发光激子传递能量模型，建立了发光动力学速率方程，并进行了详细推导。发光效率与光激活 Er^{3+} 浓度、激发态寿命及自发辐射寿命等因素有关。指出 Er^{3+}-束缚激子复合体的热离化和激发态 Er^{3+} 能量反向传递是引起 Er^{3+} 发光温度猝灭的主要原因。拟合 PL 测量实验结果表明：它们对应的激活能分别为 6.6meV 和 47.4meV。

2002 年，陈海燕等人[39]用重合积分的方法，分析了描述掺 Er 光波导放大器（EDWA）的速率方程，得到了 980nm 波段抽运的掺 Er 光波导放大器增益的隐式解析解。在此基础上得到了抽运阈值功率的解析表达式，计算了掺 Er 平面光波导放大器中的光场与 Er 掺杂浓度分布的重叠因子。讨论了 Er 掺杂浓度对抽运阈值功率的影响及抽运功率对增益的影响。

2003 年，杨建虎等人[16]研究了掺 Er 铋酸盐玻璃的吸收、荧光谱性质及热稳定性能。戴能利等人[40]讨论了不同掺 Yb 浓度下，Yb：Er 共掺 SiO_2-Al_2O_3-La_2O_3 玻璃的吸收光谱、荧光光谱和 Yb 离子 $^2F_{5/2}$ 的能级寿命。张德宝等人[41]讨论了掺 Er 铝硅酸盐玻璃中 OH^{-1} 浓度与荧光寿命、绿色上转换发光强度与抽运光功率的关系。陈海燕等人[42]用 Er：Yb 共掺磷酸盐玻璃设计了放大器，讨论了放大器的最佳长度及 Yb：Er 掺杂比对增益的影响。

2003 年，李成仁等人[43]尝试用微波等离子体磁控溅射法、熔胶凝胶法制备掺 Er Al_2O_3 薄膜，讨论了工艺参数对光致发光特性的影响，并分析了两块掺 Er、Yb：Er 共掺硅酸盐玻璃级联的光致发光特性[44]。

2005 年，苏方宁、邓再德[45]研究了配位场系数对掺 Er 碲酸盐玻璃上转换发光的影响。文章研究了掺杂相同摩尔百分比（1mol%）Er^{3+}的碲酸盐玻璃（MKT，TeO_2-MgO-K_2O）的上转换发光，实验观察到了峰值中心位于523nm和546nm两个上转换绿光发散谱，它们分别源于$^2H_{11/2} \to {}^4I_{15/2}$和$^4S_{3/2} \to {}^4I_{15/2}$能级跃迁，并且发现对应的上转换发光强度有规律变化。首次提出配位场系数，是在扎哈里阿森的无规则玻璃网络学说的基础上，根据鲍林规则推导出来的。它用数值表征玻璃材料中的结构松散相关程度，可以用来合理解释实验中所观测到的较为明显的上转换发光强度的规律变化。

2005年，陈海燕[46]利用重叠积分方法对红外光波导放大器进行了模拟。这种方法是结合有限时域、重叠积分和RK这三种方法而产生的。模拟结果同实验结果一致，是用来分析Yb：Er共掺磷酸盐玻璃红外光波导放大器的一种很有效的方法。

2005年，禹忠等人[47]针对掺Er聚合物光波导放大器（EDWA），提出了一种基于Douglas离散格式改进的有限光束传播法（FD-BMP）的数值计算方法。对每一传输步长结合多能级速率方程计算出EDWA中光场传输强度分布，以及掺Er光波导放大器的增益传输特性。设计并研究了掺Er聚合物通道波导和Y形分束器的放大增益特性。

同年，宋琦等人[48]用自适应算法数值计算了非均匀掺杂掺Er光波导放大器的净增益特性，发现当掺杂浓度沿光传输方向近似线性递减时，抽运效率最高。

2006年，赵纯等人[49]研究了玻璃的物性和光谱特性，讨论GeO_2含量对锗碲酸盐玻璃物性和光谱特性的影响。研究发现：GeO_2的加入提高了碲酸盐玻璃热稳定性，并且使玻璃的最大声子能量略微增加；随GeO_2的增加，掺Er^{3+}锗碲酸盐玻璃的Judd-Ofelt强度参量Ω_2和Ω_6逐渐增大，但玻璃受激发射截面有减小的趋势；由McCumber理论，计算了掺Er锗碲酸盐玻璃在1530nm处最大受激发射截面为$9.92 \times 10^{-21} cm^2$，$Er^{3+}$离子$^4I_{13/2} \to {}^4I_{15/2}$发射谱的最大荧光半高宽为52nm，同时实验发现，在977nmLD抽运下，掺Er锗碲酸盐玻璃存在较强的荧光上转换现象，随GeO_2含量的增加，上转换荧光强度呈降低的趋势。

2006年，李成仁等人[50]发表了Yb：Er共掺Al_2O_3光波导放大器器件的净增益特性，在68mW的980nm半导体抽运下，长22.4mm的直线矩形波导的净增益为8.44dB。同年，李成仁等人[51]又讨论了阶跃掺杂光波导放大器的净增益特性，信号光功率可提高90%以上、波导长度可缩短16.9%，更有利于小型集成化。

2006年，周松强等人[52]对Yb：Er共掺硅酸盐玻璃样品的多波段光谱特性进行了分析，发现Yb：Er掺杂浓度对红外荧光强度、半峰全宽及上转换可见光都有显著的影响；Yb^{3+}离子的引入导致Er^{3+}/Yb^{3+}离子单元的等效受激吸收概率增大，使Er^{3+}离子的激活度增加，引起Er^{3+}离子的红外荧光和上转换发光的同步增强；由OH^-等引起的浓度猝灭是抑制发光的主要原因。

2007年，周松强等人探讨了Yb：Er共掺硅酸盐玻璃的高温机理。聂秋华等人分析了Bi_2Q_3-GeO_2-Ga_2Q_3-Na_2O为基质的掺Er、Yb：Er共掺玻璃材料的上转换和荧光特性。

总体而言，国内在该领域的研究虽然取得许多成果，但起步较晚，主要还侧重于基础方面的探索。

2 Yb∶Er 共掺 Al_2O_3 薄膜制备及光致发光特性测量

掺 Er、Yb∶Er 共掺薄膜制备是集成有源光波导放大器、微型环激光器和小型光学温度传感器研究的基础。迄今为止，已探索了在不同基质材料体系的多种掺 Er、Yb∶Er 共掺薄膜制备工艺，如溶胶－凝胶法（Sol-gel）[53-54]、分子束外延法（MBE）[55-57]、化学液相沉积法（CLPD）[58-60]、离子注入法[61-63]、脉冲激光沉积法（PLD）[64-65]、射频磁控溅射法（RFS）[66-68]、微波等离子体磁控溅射沉积法（ECR-MW）[69]、离子束增强沉积法（IBED）[70]，等等。这些方法又可以相互结合，如射频辅助微波等离子体磁控溅射沉积 Yb∶Er 共掺 Al_2O_3 薄膜，以弥补单一方法的不足，发挥各自优点，改善薄膜的材料特性和光学性能。

本章首先简要介绍薄膜制备的几种主要工艺，重点讨论用中频等离子体磁控溅射系统沉积均匀掺杂掺 Er、Yb∶Er 共掺 Al_2O_3 薄膜的工艺过程、参数选择、表面形貌、光致发光等特性，也为今后利用该系统沉积非均匀掺杂掺 Er、Yb∶Er 共掺 Al_2O_3 薄膜积累经验。

2.1 掺 Er 薄膜主要制备工艺

2.1.1 溶胶－凝胶法（Sol-gel）

1971 年，德国 Dislich 通过醇盐水解得到溶胶，再经胶凝化，制备了多组分玻璃，引起了材料学领域的极大关注。其工艺流程为：溶胶制备、凝胶形成、陈化、干燥和热处理[71]。

溶胶－凝胶法的优点：

（1）反应温度低，反应过程易于控制；

（2）制品的均匀度、纯度高（均匀性可达到分子或原子水平）；

（3）化学计量准确，易于改性，掺杂的范围宽（包括掺杂的量和种类）；

（4）工艺简单，不需要昂贵的设备。

溶胶－凝胶法的缺点：

（1）所用原料多为有机化合物，成本较高，有些对健康有害；

（2）对较厚样品需多次挂胶，处理时间过长，且制品容易产生开裂；

（3）若烧成不够完善，制品会残留细孔及 OH^- 或 C。

1994 年，Bahtat 等人[72]用溶胶－凝胶法在 TiO_2 平面波导中掺入 Er，获得 1530nm 的光致发光谱。

2.1.2　分子束外延法（MBE）

分子束外延又具体分为固体源 MBE、气体源 MBE、金属有机化合物 MBE、化学束外延等。分子束外延法的优点：

（1）采用束技术。

（2）可以在现场控制工艺参数。

（3）可以单层控制。其缺点主要有速度比较慢、成本高、需要超高真空的维护。

1993 年，Efeogu 等人[21]在 Si 和 Si/Ge 合金的分子束外延法生长中，同步将较低能量的 Er^{3+} 离子掺入，77K 温度下，首次看到了 1530nm 处 Er^{3+} 离子的电致发光（EL）峰。

2.1.3　化学液相沉积法（CLPD）

化学液相沉积法制备 Al_xO_y 薄膜采用含氧的铝盐水溶液，经过水解过程产生含结晶水的氧化物沉积在硅片上，然后经过高温退火除去水分，产生相变和结晶。

化学液相沉积法的优点：

（1）设备简单，成本低廉；

（2）无需对基片加热；

（3）薄膜成分均匀；

（4）薄膜对基片附着性好。

化学液相沉积法的缺点：

（1）生长速度慢；

（2）难以定量控制；

（3）不能同时生长不同成分的薄膜。

大连理工大学饶文雄硕士利用化学液相沉积法制备 Al_xO_y 薄膜[73]。

2.1.4　离子注入法

离子注入法，首先电离某种元素的原子，然后利用电场对其加速，再射入固体材料表面，从而对材料表面物理、化学性质进行改变。

离子注入法的优点：

（1）离子注入的元素和注入的浓度不受约束；

（2）离子注入层的厚度增加，使用寿命增加；

（3）改性层与基体之间的结合强度很高，附着性好；

（4）处理的部件不会被污染，不会变形。

离子注入法的缺点：

（1）无法处理复杂的凹面和内腔；

（2）离子注入深度较小且离子分布不均匀，尤其高能离子注入时导致了薄膜出现严重的缺陷；

（3）离子注入机的价格昂贵，加工成本较高。

1995 年，Hoven 等人[22]利用低压化学气相外延法（LPCVD）生长了无定型 SiO_2 薄膜，再用离子注入法掺 Er，提高了 Er 的发光效率。

2.1.5　脉冲激光沉积法（PLD）

脉冲激光沉积法，首先是激光作用于靶材，在脉冲开始时，靶材预热和小部分物质蒸发。随着温度的升高，蒸发气体的电离程度增强，这时通过它的辐射吸收系数也在增大。在某一状态下出现击穿，蒸汽完全电离化，吸收急剧增加。然后激光烧蚀产物也在真空中惯性飞散。其次是激光和等离子体与基片表面产生相互作用。最后形成凝结层。

脉冲激光沉积法的优点：

（1）实验简单，技术性要求不高；

（2）有利于研究离子间距与荧光强度和寿命的影响；

（3）粒子具有一定的能量，使得形成的薄膜比较致密，附着性也比较好，而且沉积和掺杂一步完成。其主要缺点：每一层掺杂物的面密度过大，产生聚集，导致表面形貌较差。

饶文雄[73]利用脉冲激光沉积法制备了掺 Er Al_2O_3 薄膜，并讨论了在掺 Er 浓度很高时，此薄膜的荧光的性质。

2.1.6 离子束增强沉积法（IBED）

离子束增强沉积法（IBED，ion beam enhanced deposition），是一种将离子注入及薄膜沉积两者融为一体的优化新技术。过程是在衬底的材料上气相沉积镀膜的同时，用离子束进行轰击混合，利用沉积原子和注入离子间一系列的物理化学作用，在衬底上形成具有特定性能的薄膜，并能在室温或近室温下合成化合物膜层。

离子束增强沉积法的优点：

（1）束斑面积大，束流密度高；

（2）溅射离子源能够长时间工作。

大连理工大学高菘硕士利用离子束增强沉积技术制备了掺 Er Al_2O_3 薄膜[74]。

2.1.7 磁控溅射法

2.1.7.1 中频溅射法（MFS）

中频溅射的电源频率为 10 ~ 80kHz，其在真空工业应用中占的地位越来越重要。中频溅射采用两个大小和外形完全相同的孪生靶轮流作为溅射靶，既提高了沉积速率，又避免弧光放电和靶氧化中毒，提高系统工作的稳定性。中频磁控溅射系统的工作电压为 200 ~ 1000V，工作电流为 0.2 ~ 2.5A，靶材可以是各种金属材料。等离子体源采用空心阴极放电。

中频溅射法的缺点：

（1）溅射所需要的工作气压较高；

（2）工艺参数优化麻烦。

大连理工大学宋琦硕士利用中频溅射技术制备了单掺 Er 和 Yb：Er 共掺 Al_2O_3 薄膜，并对薄膜的性质进行了讨论[75]。

2.1.7.2 射频溅射法（RFS）

射频溅射法是所见文献中用得最多的一种沉积薄膜的方法，广泛应用于沉积各种化合物薄膜。射频溅射的电源频率为 1 ~ 30MHz，常用的为 13.56MHz。

射频溅射法的优点：

（1）可用于绝缘靶的溅射，系统工作稳定性好；

（2）沉积质量高，薄膜表面形貌好。

射频溅射法的缺点：

（1）沉积速度比较慢；

（2）沉积设备电源需要复杂的阻抗匹配；

（3）沉积设备昂贵。

1997 年，Yan 等人[23]用射频磁控溅射系统在 SiO_2 上沉积了一层多组分（Er_2O_3、Al_2O_3、Na_2O_3、La_2O_3 和 P_2O_5）磷酸盐薄膜，并刻蚀成脊形光波导，21mW、980nm 激光器抽运下，获得 4.1dB 的净增益。

2.1.7.3　微波等离子体磁控溅射沉积法（ECR-MW）

电子回旋共振（ECR，electron convolution resonance）微波等离子体源是利用工作气体中的少量的初始电子在磁场中产生回旋运动，当输入的微波频率与电子在磁场中的回旋频率相等时，电子产生回旋共振并获得微波能量。这些电子与工作气体发生非弹性碰撞，使气体电离而产生等离子体。闭合场非平衡磁控溅射（CFUBMS，closed-field unbalanced magnetron sputtering）方法降低了离子与反应室内壁碰撞而带来的离子数损失，提高了沉积速度。因此，该系统具有等离子体密度大、沉积速率较快、低温成膜、对基体影响小和沉积面积大等优点，可在室温下沉积出均匀、致密的高质量薄膜。

大连理工大学宋琦硕士利用微波电子回旋共振等离子体源制备了 Yb : Er 共掺 Al_2O_3 薄膜，并利用薄膜的荧光强度谱分析了最佳 Yb : Er 比值[75]。

2.2　中频等离子体磁控溅射系统制备 Al_2O_3 或 Yb : Er 共掺 Al_2O_3 薄膜

2.2.1　沉积系统

中频溅射实验装置示意图如图 2.1 所示，主要由真空镀膜室、溅射靶、中频电源、永磁体、溅射气体氩、反应气体氧以及各种控制器等组成。真空室为圆柱形，高 40cm、直径 40cm。装有石英玻璃观察窗，用以随时观察溅射过程是否处于正常状态。如果沉积过程中反应中止，则真空室里变暗，此时须及时重新起辉。衬底样品的放置为悬吊式，并且由电机经变速齿轮驱动旋转，转速为 13r/min（注：我们实验中电机已坏，无法旋转样品）。基板距靶面 7cm，两孪生靶中心距离 8.5cm。高纯氩气（99.99%）用来产生等离子体，永久磁铁将等离子体束缚在孪生靶的周围。

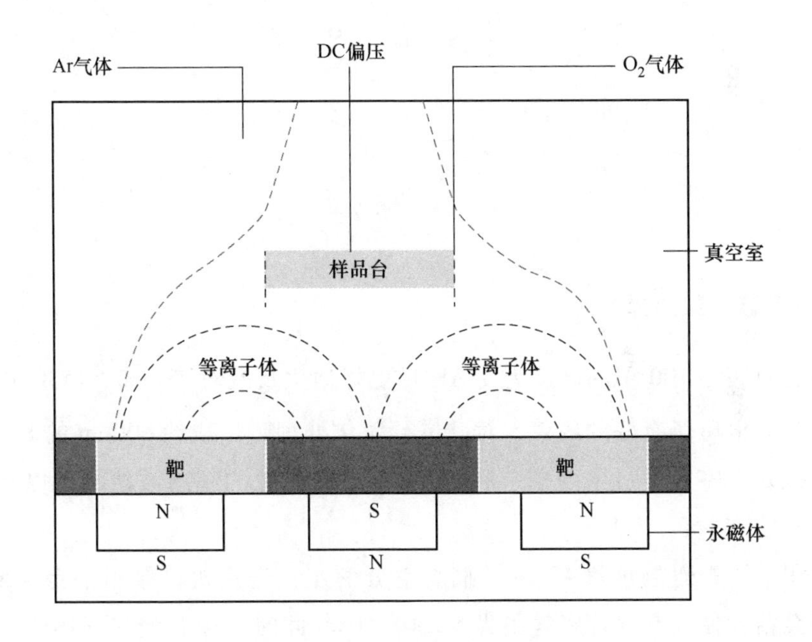

图 2.1 中频溅射系统示意图

两溅射靶同为直径 51mm、厚 5mm 的高纯铝板（99.99%）。溅射靶表面被均匀加工出一定数目的宽 2mm、深 2mm 的圆孔，嵌入 Yb 柱和 Er 柱，如图 2.2 所示。调节 Yb 柱和 Er 柱的数目可以改变 Er 掺杂浓度以及 Yb：Er 掺杂比率。溅射过程中，两个靶周期性轮流作为阴极与阳极，保证了溅射过程中系统可以始终稳定地工作在被设定的工作点上。在靶面磁感应强度为 36mT 情况下，靶的有效溅射部分为圆环状，内径 7mm，外径 31mm。可以通过调节磁场的强弱来减少或者增大溅射面积。直流偏压将等离子体轰击出来的 Yb、Er 和铝粒子吸引到样品基底上，并在渡越过程中与氧气反应，在基底上沉积出 Yb：Er 共掺的 Al_2O_3 薄膜。需要说明的是在 Si(100) 基底上已热氧化一层 500 ~ 600nm 厚的 SiO_2 作为缓冲层，然后悬挂到样品台上。直流偏压可以调节，其选择值不仅影响到沉积速率，对薄膜表面形貌也有较大的影响。

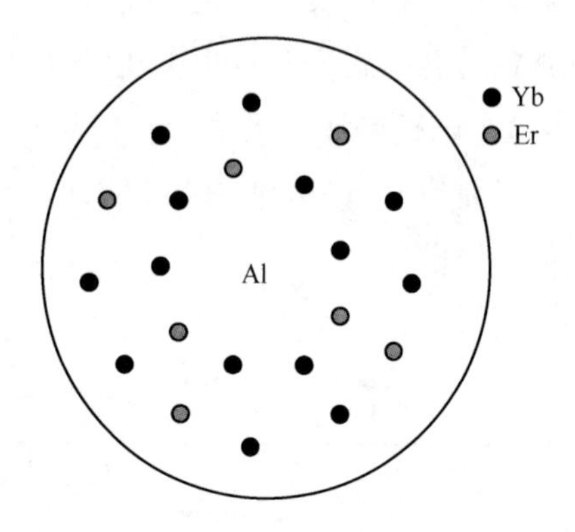

图 2. 2 混合靶示意图

2. 2. 2 工艺参数选择

薄膜衬底为 100 单晶硅。为使 Al_2O_3 更好地生长及对 980nm、1530nm 抽运光和信号光电磁场有好的约束，对硅进行氧化处理，生成约 600nm 的 SiO_2 层。基片放入真空室前经过了丙酮、酒精 1：1 配比溶液的超声波清洗，以保证表面光洁。

沉积系统先通电预热 40min。抽真空分两步：先用机械泵粗抽至 5Pa，再用分子泵精抽使真空室背底气压为 5×10^{-3}Pa。此时，控制溅射气体氩、反应气体氧的比例、流速，使真空室工作气压保持在 3Pa 以上，对样品加直流偏压 200V。部分工艺参数见表 2. 1 和表 2. 2。

表 2. 1 时间分别为 1h、2h 的 Al_2O_3 薄膜沉积工艺参数

气 体	Ar(99. 999%)：51sccm O_2(99. 999%)：31sccm	Ar(99. 999%)：51sccm O_2(99. 999%)：31sccm
溅射频率/MHz	50	50
本底气压/Pa	6.7×10^{-3}	7.1×10^{-3}
工作气压/Pa	7.0×10^{-1}	6.7×10^{-1}
电源电压/V	552	370

续表 2.1

气 体	Ar(99.999%)：51sccm O_2(99.999%)：31sccm	Ar(99.999%)：51sccm O_2(99.999%)：31sccm
电源电流/A	0.7	1.8
所加偏压/V	200	200
溅射时间/h	1	2

表 2.2 时间分别为 1h、2h 的 Yb：Er 共掺 Al_2O_3 薄膜沉积工艺参数

气 体	Ar(99.999%)：51sccm O_2(99.999%)：31sccm	Ar(99.999%)：51sccm O_2(99.999%)：31sccm
溅射频率/MHz	50	50
本底气压/Pa	7.1×10^{-3}	7.6×10^{-3}
工作气压/Pa	6.0×10^{-1}	5.5×10^{-1}
电源电压/V	415	464
电源电流/A	0.6	0.8
所加偏压/V	200	200
溅射时间/h	1	2

两个表格中本底气压、工作气压有一定差别（采用文献报道的优化参数[76]），对起辉时电源电压、电源电流影响较大。同时在沉积过程中，电源电压、电源电流由于供电网络不稳、真空系统内等离子体密度改变等原因，有一定的起伏变化，但其对薄膜质量的影响相对于沉积时间和偏压产生的影响，可以忽略。

2.2.3 薄膜表面形貌表征

薄膜样品的表面形貌对后续的器件（如有源光波导放大器）制作工艺及性能有重要的影响。如表面粗糙，不仅导致光波导沟道刻蚀精度下降，而且还将使电磁场模泄漏增强、光损耗变大，放大器的净增益严重下降。众所周知，薄膜沉积的工艺参数对表面形貌有着关键的作用，因此，通过扫描电子显微镜（SEM，scanning electron microscope）对样品表面形貌进行表征，以求达到对工艺参数优化的目的。

图 2. 3 是 Yb：Er 共掺 Al_2O_3 薄膜扫描电镜图，放大 7500 倍。

其中图 2. 3(a)薄膜沉积工艺参数为溅射时间 60min，样品架加 200V 偏压；图 2. 3(b)则未加偏压，溅射时间为 90min。可以看出加偏压的薄膜表面（图 2. 3(a)）总体表面形貌较好，但由于偏压对溅射离子的加速，使一些大颗粒克服重力渡越到基片上，对局域形貌影响较大。因此应合适选择偏压值，并通过增加溅射时间来获得预期的沉积厚度。

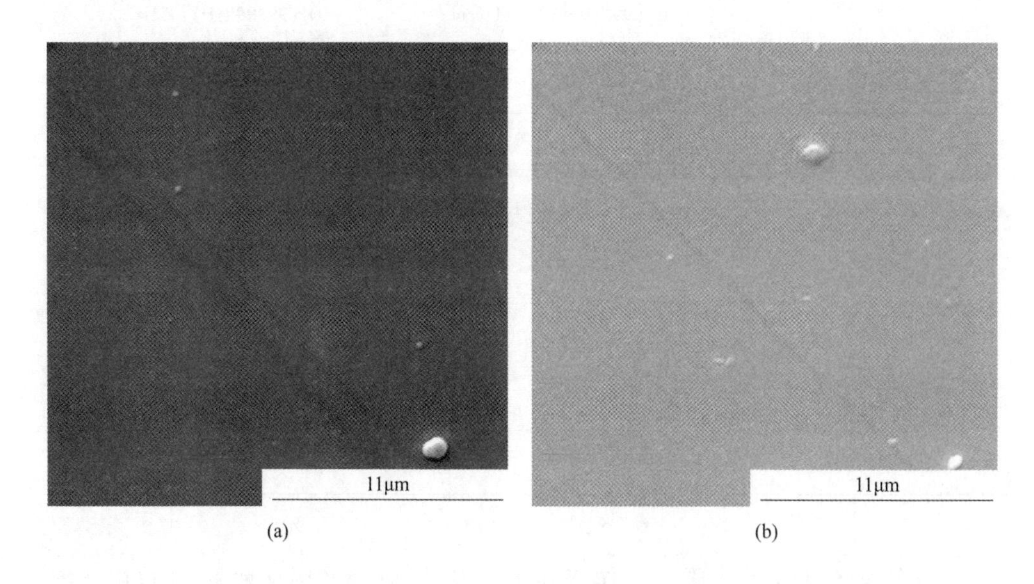

图 2. 3　Yb：Er 共掺 Al_2O_3 薄膜扫描电镜图

图 2. 4 是 Al_2O_3 薄膜的 SEM 照片，放大 7500 倍。

图 2. 4(a)和(b)薄膜沉积工艺相同，皆为溅射时间 45min、加 200V 偏压。但图 2. 4(a)是经过了 900℃、120min 退火的处理，而图 2. 4(b)未退火。比较两图发现，退火后的薄膜表面形貌有显著改观，更加光滑平整，颗粒分布也比较均匀。原因在于沉积系统内部温度较低（<160℃），沉积出的 Al_2O_3 薄膜属于非晶状态。经过高温退火后，Al_2O_3 薄膜晶化（多为单晶 α 相，退火温度不同有时呈 α、γ 等混合相），微观结构的有序化改变，反映到表面形貌的改善。

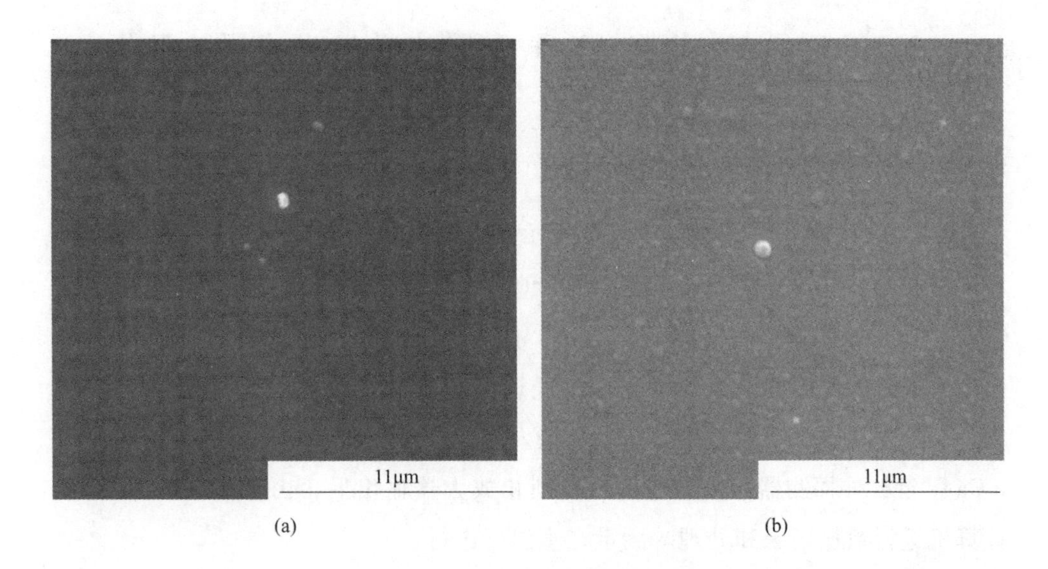

图 2.4 Al_2O_3 薄膜扫描电镜图

溅射沉积工艺参数选择不同，制备的薄膜厚度有明显的差别。在 Yb∶Er 共掺 Al_2O_3 光波导放大器的应用中，为保证 980nm 抽运光、1530nm 信号光都是单模传输，则要求薄膜厚度在 650～1200nm 之间，否则或频率截止，或多模传输。图 2.5 为台阶仪测量的 Yb∶Er 共掺 Al_2O_3 薄膜曲线，为 680nm 左右。薄膜所对应的沉积参数为：溅射时间 120min，加 200V 偏压。

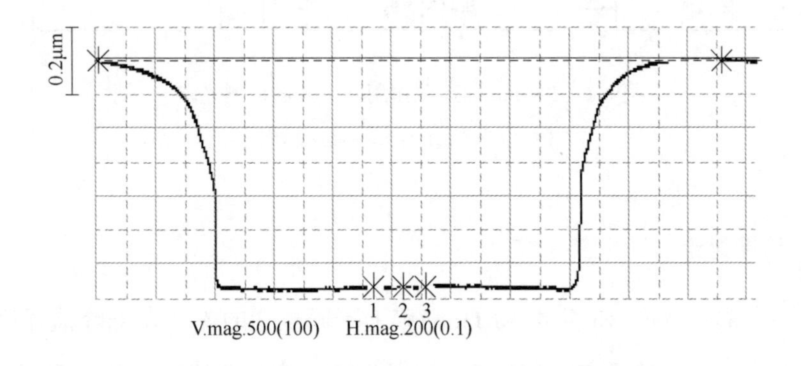

图 2.5 台阶法测量的薄膜厚度

总之，工艺参数的改变，对表面形貌、薄膜厚度等有较大的影响。由于工作机时的限制，作者尚未找到最佳的工艺参数，有待今后继续探索。

2.3　Yb : Er 共掺 Al_2O_3 薄膜光致发光光谱检测

2.3.1　光谱检测系统

Yb : Er 共掺 Al_2O_3 薄膜光致发光光谱检测系统如图 2.6 所示。抽运激发源是波长为980nm，最大输出功率为2.0W 的半导体激光器，其工作电流可在0～2400mA 区间调解，分辨率为2mA。抽运光束由聚焦透镜 L_1 汇聚，以适合角度入射到薄膜端面。光致发光光谱经透镜 L_2 收集后，通过频率为425Hz 的光学斩波器调制，照射到单光栅单色仪入射狭缝，分光后由导体制冷器制冷的 InGaAs 近红外探测器探测。电信号经锁相放大器输出后，由 A/D 板转换接入计算机进行数据记录和处理。测量在室温下进行。

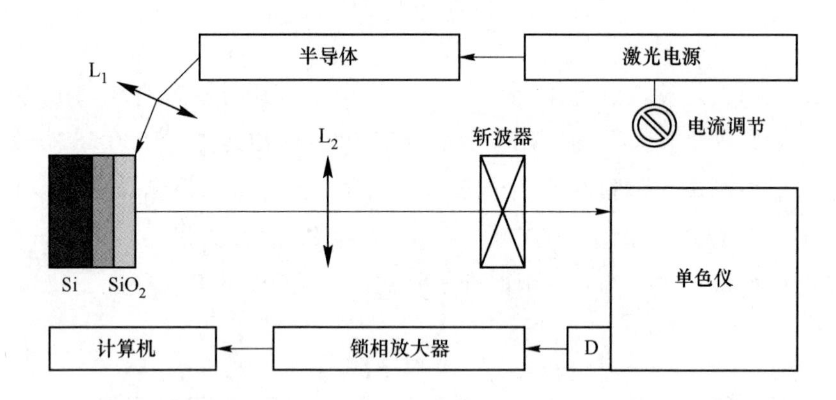

图 2.6　980nm 抽运源作用下荧光谱检测光路

D—探测器；L_1，L_2—聚焦透镜

2.3.2　结果讨论

图 2.7(a)是 Yb : Er 共掺 Al_2O_3 薄膜上不同位置的光致发光峰值强度（测量均从薄膜一端开始进行，间隔 3mm），图中的四条曲线对应的薄膜沉积工艺参数分别为：(1) 沉积时间90min，无偏压；(2) 45min，无偏压；(3) 120min，加200V 偏压；(4) 60min，加200V 偏压。四种样品均经900℃、120min 退火。从图 2.7(a)中可以看出薄膜的沉积浓度是非均匀的。薄膜两端荧光强度

比较弱，中间荧光强度比较强。主要原因在于正常情况下，样品架有电机驱动旋转以保证沉积均匀。不巧的是，我们实验前电机驱动系统损坏（时间紧未等更换），加之真空溅射系统内等离子体属于闭合场非均匀分布，导致薄膜表面掺杂浓度不均匀。相对而言，工艺参数为60min、加200V偏压的薄膜均匀性最好，但光致发光强度较弱；工艺参数为90min、无偏压的薄膜光致发光强度最强，但均匀性较差；综合而言，工艺参数为45min、无偏压的薄膜光学性能较为理想。

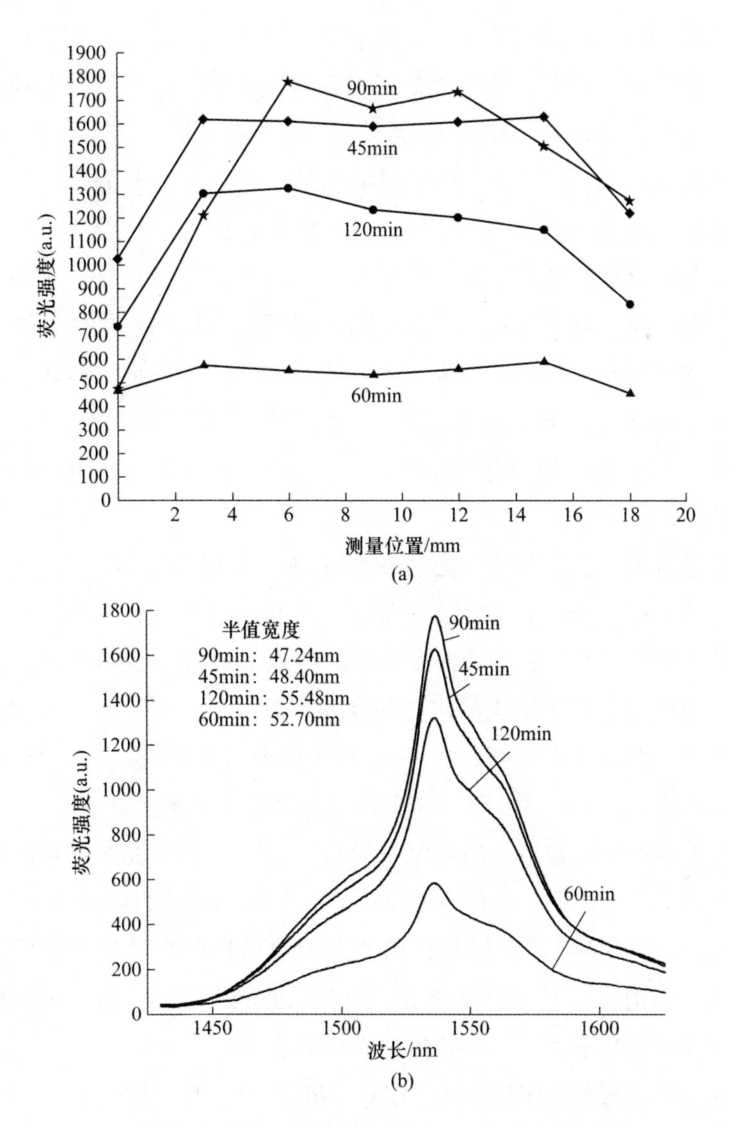

图2.7　Yb：Er 共掺 Al_2O_3 薄膜的光致发光光谱

但这非均匀特性也为我们进行有目的的、掺杂浓度按预期非均匀分布的薄膜制备提供了可能。宋琦等人曾数值分析出掺 Er、Yb：Er 共掺 Al_2O_3 光波导放大器掺杂浓度沿光传输方向近似线性递减时，抽运效率最高，设计的光波导放大器净增益特性最好。李成仁等人将中频磁控溅射的孪生靶改为非对称溅射靶，以沉积制备出掺杂浓度近似线性变化的 Yb：Er 共掺 Al_2O_3 薄膜。

将每组光致发光最强的光谱合成在一起，如图 2.7(b)所示。四个波形的峰值波长基本相同，均在（1536 ± 1）nm 范围内。但半值宽度（FWHM，full width at half maximum）有较大差异，最宽者为 55.48nm，对应的沉积参数为时间 120min、加 200V 偏压；最窄者为 47.24nm，对应的沉积参数为时间 90min、未加偏压。主要原因是工艺参数的差异，导致溅射离子各异的晶粒分布形式，使具有发光功能的 Er^{3+} 处于不同的晶体环境中，即所受到晶格场不同，使半值宽度发生变化。对 Er^{3+} 在 Al_2O_3 基质中详细的微观动力学分析正在进行中。

虽然发光功能薄膜的光致发光荧光强度是一个重要的指标，但在某些应用方面半值宽度也同样具有关键的作用。如对掺 Er、Yb：Er 共掺光波导放大器而言，半值宽度越宽，可同时放大被不同波长调制过的光信号越多，中继放大系统越简捷。综合上述光致发光强度、半值宽度和均匀度三个指标，沉积工艺参数为：时间 120min、加 200V 偏压，900℃退火的 Yb：Er 共掺 Al_2O_3 薄膜的整体性能最好，值得选择。

图 2.8 为不同工艺参数中频磁控溅射沉积制备的 Yb：Er 共掺 Al_2O_3 薄膜的功率谱。横坐标为 980nm 抽运激光器的工作电流，对应的激光器输出功率为 0.8 ~ 2.0W。从图中可以看到，四条曲线都近似为线性单调增长，没有出现单掺 Er Al_2O_3 薄膜较大功率抽运时出现的饱和现象。这是因为加入 Yb 敏化剂后，不仅显著改善了光致发光强度，也将 Er 粒子的分布更加均匀化，抑制了 Er 团簇的形成，降低了上转换对 1530nm 光致发光强度的影响。

从图 2.8 中还可以知道，薄膜沉积的条件不同，光致发光强度随抽运功率的变化快慢不同。斜率较大者为 1.15/mA 左右，对应的参数为：沉积时间 90min、无偏压和 45min、无偏压；斜率最小的为 0.40/mA，对应的参数为 60min、加 200V 偏压。显然样品架上未加偏压的斜率要大于加 200V 偏压的斜率，与沉积时间关联不大，具体原因还在探索中。

利用中频磁控溅射系统制备了 Al_2O_3 薄膜和 Yb：Er 共掺 Al_2O_3 薄膜。借助扫描电子显微镜对薄膜样品表面形貌进行了观测，相同的沉积时间时，加偏

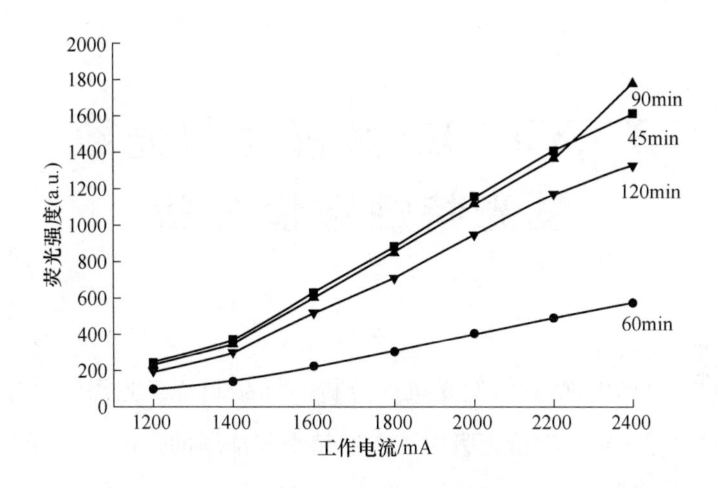

图 2.8　Yb：Er 共掺 Al_2O_3 薄膜的功率谱

压、退火的 Yb：Er：Al_2O_3 样品薄膜表面的晶体颗粒分别比未加偏压、未退火、单基质 Al_2O_3 薄膜更加光滑平整、分布均匀。室温下 Yb：Er：Al_2O_3 薄膜的光致发光谱检测结果表明，薄膜周边荧光强度比中间弱，原因在于驱动样品旋转的电机损坏，加之真空溅射系统内等离子体属于闭合场非均匀分布，导致薄膜表面掺杂浓度不均匀。不同工艺参数，光致发光的峰值波长基本不变，约为 1536nm，半值宽度变化较大，介于 47.24～55.48nm 之间。光致发光峰值强度随抽运激光器工作电流呈线性关系，但沉积时间对斜率有一定的影响。

中频磁控溅射系统具有系统工作稳定、沉积速率高、大面积样品沉积均匀、工艺简单等特点，适合于工业制备商业化薄膜样品。优化该系统沉积制备 Yb：Er 共掺 Al_2O_3 薄膜工艺参数，对平面光波导无源、有源器件的研制和应用会产生重要影响，因此后续的工作还应深化探索每个参数（溅射/反应气体压强、样品架于溅射靶之间距离等）对 Yb：Er 共掺 Al_2O_3 薄膜的材料性能和光学性能的影响，最终优化出整体工艺参数。

3　Yb：Er 共掺材料光致发光特性数值分析

稀土 Er 掺杂功能材料的发光机理分析、样品制备工艺探索、器件的实际应用等方面的理论和实验研究吸引了人们越来越浓厚的兴趣。

考虑到同为稀土元素的三价 Yb 离子对 980nm 抽运光的吸收截面比 Er 大一个量级，并且 Yb 离子$^2F_{5/2}$能级与 Er^{3+} $^4I_{11/2}$能级相近，通过 Yb：Er^{3+} 间的共振能量传递，可以显著提高掺 Er 材料的抽运效率，改善光致发光特性。

迄今为止，已有文献在理论分析 Yb：Er 共掺材料的光致发光特性时，均将 Er^{3+} 的合作上转换系数、激发态吸收系数、交叉弛豫系数等上转换参量作为常量处理[77-78]，虽然给出一些有意义的结果，但有些实验现象不能得到合理的解释，如 Yb：Er 掺杂浓度的优化比率与抽运功率、掺 Yb 浓度之间的关系。Yb：Er 共掺材料光致发光特性实验测量表明，Er^{3+} 在近红外 1530nm，可见光 664nm、549nm 的光谱强度不仅与掺 Er 浓度有关，还与掺 Yb 浓度和 Yb：Er 掺杂比有关。

本章中，首先简要介绍了 Er^{3+} 上转换的四种形式；其次，考虑了 Er^{3+} 的激发态吸收、交叉弛豫和两级合作上转换等非线性效应，建立了 Yb：Er 共掺 Al_2O_3 材料体系八个能级的速率方程。根据部分系数的实验结果，唯象地构造了合作上转换、激发态吸收等系数随 Yb：Er 掺杂浓度的变化函数，数值模拟了 Yb：Er 共掺 Al_2O_3 材料中 1530nm 荧光强度与 Yb：Er 掺杂浓度、抽运功率的关系；最后，给出 Yb：Er 共掺硅酸盐玻璃材料九个能级的速率方程，结合该体系材料的相关参数，同样构造了有关上转换系数随 Yb：Er 掺杂浓度的变化函数，数值模拟了硅酸盐基质中 1530nm、664nm、549nm 三个波段的光致发光强度与 Yb：Er 掺杂浓度、抽运功率的关系。

3.1 Yb：Er 共掺材料中 Er^{3+} 上转换发光的四种形式

稀土离子的上转换发光是指采用长波长激发光照射掺杂稀土离子样品时，发射出波长小于激发光波长的光的现象。上转换材料主要是掺稀土元素的固体化合物，利用稀土元素亚稳态能级特性，吸收低能量的长波辐射，经多光子加和后发出高能的多波辐射，从而可使人眼看不见的红外光变为可见光。上转换发光所发射的光子能量比所吸收的光子能量高，因为发射的高能量光子是通过吸收多个低能量的光子激发而产生的，这个过程称为上转换发光。

Er^{3+} 有着丰富的能级结构，出现上转换的可能性很大，种类也较多。在掺 Er 材料的不同应用领域，上转换发光的作用各异。如在短波长激光器研制、数据高密度存储、彩色显示、温度传感器等方面的研究中，渴望有较强的上转换效应，所以近年来上转换发光成为研究的热点之一。但在中红外 2760nm、近红外 1530nm 激光器的研制，以及有源掺 Er 光纤放大器和掺 Er 光波导放大器的应用中，则需要设法抑制上转换现象的发生，因为它们不仅降低预期红外波长的光致发光效率，而且会形成背景噪声，影响器件的性能指标。

本章中涉及的上转换效应主要有四种机制，分别为激发态吸收、能量传递、合作上转换和交叉弛豫。

3.1.1 激发态吸收

已经处于高能级的 Er^{3+} 再一次吸收外界的抽运光子或信号光子 γ_2，跃迁到更高的相应能级，即为激发态吸收（ESA，excited state absorption）现象，如图 3.1 所示。类似地，处于基态的 Er^{3+} 吸收外界的抽运光子或信号光子 γ_1，跃迁到相应的能级，定义为基态吸收现象（GSA，ground state absorption），也如图 3.1 所示。

激发态吸收过程与外来光强度（主要为抽运光强度）有关。抽运功率越大，激发态吸收跃迁速率越大。

3.1.2 能量传递

能量传递（ET，energy transfer）一般发生在不同类型的离子之间，其过程如

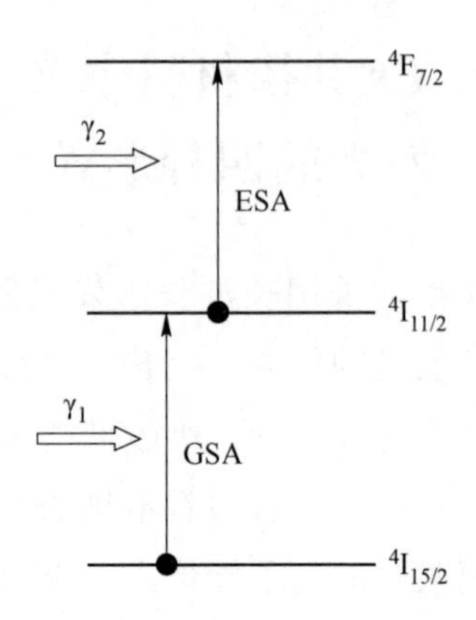

图 3.1　激发态吸收过程

图 3.2 所示。处于激发态的一种离子（施主离子）与处于基态的另一种离子（受主离子）满足能量匹配的要求而发生相互作用，施主离子将能量传递给受主离子，使其跃迁至激发态能级，施主离子本身则通过无辐射弛豫的方式返回基态。例如：在$^2F_{5/2}$能级上的Yb^{3+}，将能量传递给处于$^4I_{15/2}$能级上的Er^{3+}，使它跃迁到$^4F_{9/2}$能级，Yb^{3+}通过无辐射弛豫的方式返回到$^2F_{7/2}$能级。位于激发态能级上的受主离子还可能第二次能量转移跃迁至更高的激发态能级。$^2F_{5/2}$能级上的Yb^{3+}，再将能量传递给处于$^4I_{11/2}$能级上的Er^{3+}，使它跃迁到$^4F_{7/2}$能级，Yb 离子通过无辐射弛豫的方式返回到$^2F_{7/2}$能级。这个过程也称为连续能量转移（SET，successive energy transfer）。

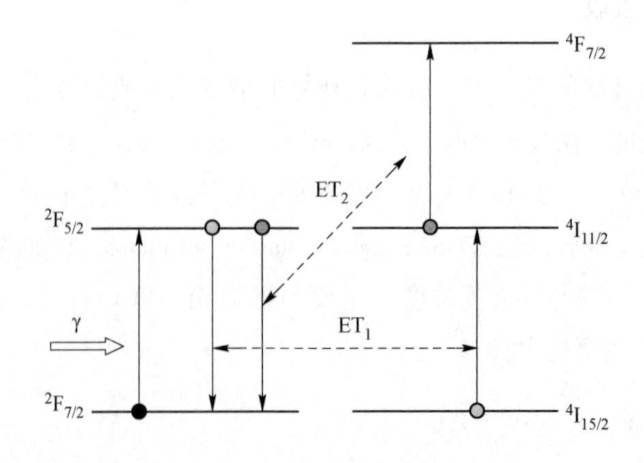

图 3.2　Yb：Er 能量传递过程

3.1.3 合作上转换

在高浓度掺杂情况下，两个激发态离子间距离很小，从而会发生两离子间的电偶极矩相互作用，作用强度与间距有关。由于存在能量共振关系，处于第一激发态的两个离子，其中一个离子可能把能量传递给另一个离子而返回基态，得到能量的离子跃迁到更高的能级，这就是合作上转换过程（CU，co-operative up-conversion），如图 3.3 所示。高能级的离子通过多声子发射迅速弛豫返回到 $^4I_{15/2}$，结果导致一个激发态离子所得到的能量消耗掉。这种感应引起的浓度猝灭降低了给定抽运功率下的 Er^{3+} 的比例。

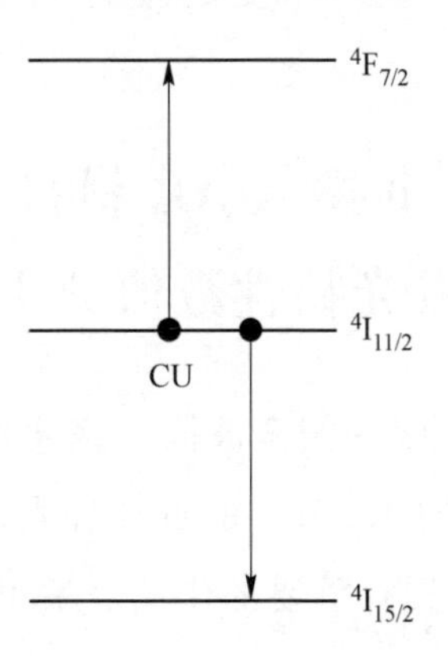

图 3.3 合作上转换过程

合作上转换与掺杂浓度有关。掺杂浓度越高，合作上转换作用越明显。此外，还和抽运功率有关，由于合作上转换需要两个处于激发态的离子，因此在低抽运水平下，这种情况并不明显，但随着抽运强度的增加，这种效应也会增加。

3.1.4 交叉弛豫

如图 3.4 所示，交叉弛豫（CR，cross relaxation）和合作上转换过程相反，处于低能级和高能级的两个离子相互作用，分别向上和向下跃迁到中间的能级。显然，$^4I_{15/2}$ 和 $^4I_{9/2}$ 能级间的交叉弛豫作用有利于粒子数反转，而 $^4I_{15/2}$ 和 $^4F_{9/2}$ 间的交叉弛豫，因为 $^4F_{9/2}$ 能级的粒子数相对来说比较少，简化模型的近似计算中可以不考虑。

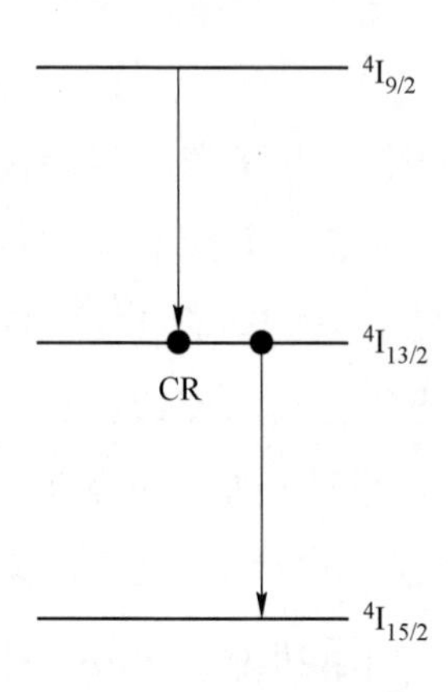

图 3. 4　交叉弛豫过程

3. 2　Yb : Er 共掺 Al_2O_3 材料 1530nm 光致发光特性数值分析

1530nm 的近红外光是人眼的安全波段，该波长激光器在军事测距、跟踪等方面的应用潜力巨大；同时 1530nm 的近红外光也是现代信息载体光纤的损耗窗口，在光纤信息传输中具有重要的作用。稀土元素 Er 的亚稳态$^4I_{13/2}$和基态$^4I_{15/2}$之间的能级跃迁恰好辐射 1530nm 波段光谱，因此，掺 Er 材料在该波段的激光器、有源光放大器研究日益活跃，包括掺 Er 光纤放大器（EDFA, erbium-doped waveguide amplifiers）、掺 Er 光波导放大器（EDWA, erbium-doped waveguide amplifiers）。如前文所述，Yb 作为掺 Er 材料的敏化剂，能显著提高掺 Er 光波导放大器的抽运效率，改善光致发光特性。目前，Yb : Er 共掺光波导放大器（YECDWA, ytterbium-erbium co-doped waveguide amplifiers）更吸引了学者和商家的浓厚兴趣。本节中，重点分析了 Yb : Er 共掺 Al_2O_3 材料体系 1530nm 光致发光强度与掺杂浓度、抽运功率的关系。

3. 2. 1　Yb : Er 共掺 Al_2O_3 材料的能级结构和速率方程

980nm 激光器抽运时，Yb : Er : Al_2O_3 材料体系的能级结构及跃迁示意图如图 3. 5 所示。

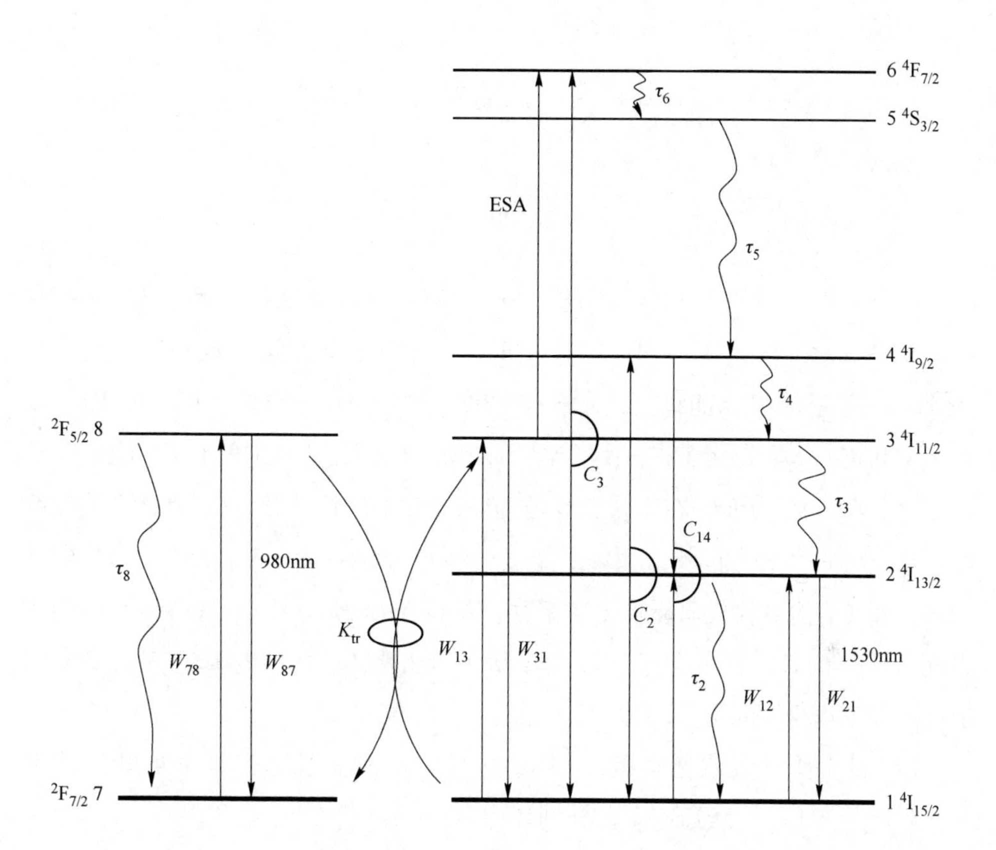

图 3.5 980nm 抽运时 Yb^{3+}-Er^{3+} 共掺系统的能级结构及跃迁示意图

$$\frac{dN_1}{dt} = -W_{13}N_1 - W_{12}N_1 + W_{21}N_2 + W_{31}N_3 + \frac{N_2}{\tau_2} + C_2N_2^2 + C_3N_3^2 - C_{14}N_1N_4 - K_{tr18}N_1N_8 + K_{tr37}N_3N_7 \tag{3.1}$$

$$\frac{dN_2}{dt} = W_{12}N_1 - W_{21}N_2 - \frac{N_2}{\tau_2} + \frac{N_3}{\tau_3} - 2C_2N_2^2 + 2C_{14}N_1N_4 \tag{3.2}$$

$$\frac{dN_3}{dt} = W_{13}N_1 - W_{31}N_3 - \frac{N_3}{\tau_3} + \frac{N_4}{\tau_4} - 2C_3N_3^2 - W_{ESA}N_3 + K_{tr18}N_1N_8 - K_{tr37}N_3N_7 \tag{3.3}$$

$$\frac{dN_4}{dt} = -\frac{N_4}{\tau_4} + \frac{N_5}{\tau_5} + C_2N_2^2 - C_{14}N_1N_4 \tag{3.4}$$

$$\frac{dN_5}{dt} = -\frac{N_5}{\tau_5} + \frac{N_6}{\tau_6} \tag{3.5}$$

$$\frac{dN_6}{dt} = -\frac{N_6}{\tau_6} + C_3N_3^2 + W_{ESA}N_3 \tag{3.6}$$

$$N_{Er}=N_1+N_2+N_3+N_4+N_5+N_6 \tag{3.7}$$

$$\frac{dN_7}{dt}=-W_{78}N_7+W_{87}N_8+\frac{N_8}{\tau_8}+K_{tr18}N_1N_8-K_{tr37}N_3N_7 \tag{3.8}$$

$$\frac{dN_8}{dt}=-\frac{dN_7}{dt} \tag{3.9}$$

$$N_{Yb}=N_7+N_8 \tag{3.10}$$

式（3.1）~式（3.10）为 Yb：Er：Al_2O_3 材料体系的速率方程。其中，$N_1\sim N_6$ 为 Er^{3+} $^4I_{15/2}$、$^4I_{13/2}$、$^4I_{11/2}$、$^4I_{9/2}$、$^4S_{3/2}$、$^4F_{7/2}$能级上的粒子数密度，N_7、N_8为 Yb 离子$^2F_{7/2}$和$^2F_{5/2}$能级上的粒子数密度，N_{Er}、N_{Yb}分别为总掺入的 Er、Yb 粒子数密度；$\tau_2\sim\tau_6$ 为 Er^{3+} 相应能级的平均寿命，τ_8 为 Yb 离子$^2F_{5/2}$能级的平均寿命；C_2、C_3 为 Er^{3+} 在$^4I_{13/2}$、$^4I_{11/2}$能级的合作上转换系数，C_{14}为交叉弛豫系数；K_{tr18}为 Yb：Er^{3+} 间$^2F_{5/2}$和$^4I_{15/2}$能级的能量传递系数，K_{tr37}为 Er：Yb 离子间$^4I_{11/2}$和$^2F_{7/2}$能级的反向能量传递系数。进行 Yb：Er：Al_2O_3 材料体系的光致发光特性分析时，暂不考虑信号光作用，即忽略$^4I_{13/2}$能级与基态间的受激辐射、吸收速率 W_{12}和 W_{21}项的影响。

Er^{3+}基态受激吸收速率 W_{13}（$^4I_{15/2}\rightarrow{}^4I_{11/2}$）和激发态受激辐射跃迁速率 W_{31}（$^4I_{11/2}\rightarrow{}^4I_{15/2}$）跃迁速率可分别计算为

$$W_{13}=\frac{\sigma_{Er\text{-}a13}(\nu_p)}{h\nu_p}I_p \tag{3.11}$$

$$W_{31}=\frac{\sigma_{Er\text{-}e31}(\nu_p)}{h\nu_p}I_p \tag{3.12}$$

式中，ν_p 为抽运光频率；I_p 为抽运功率；h 为普朗克常数；$\sigma_{Er\text{-}a13}(\nu_p)$和$\sigma_{Er\text{-}e31}(\nu_p)$分别为 Er^{3+} 对抽运光的基态吸收截面、激发态辐射截面。

同样，Yb 离子的受激吸收速率 W_{78}和受激辐射跃迁速率 W_{87}可计算为

$$W_{78}=\frac{\sigma_{Yb\text{-}a78}(\nu_p)}{h\nu_p}I_p \tag{3.13}$$

$$W_{87}=\frac{\sigma_{Yb\text{-}e87}(\nu_p)}{h\nu_p}I_p \tag{3.14}$$

式中，$\sigma_{Yb\text{-}a78}(\nu_p)$和$\sigma_{Yb\text{-}e87}(\nu_p)$为 Yb 离子对 980nm 抽运光的吸收和辐射截面。

解式（3.1）~式（3.10）的稳态速率方程，可以计算出 Er^{3+} $^4I_{11/2}$能级 1530nm 的光致发光特性。数值模拟计算中使用的相应参数见表 3.1[79]。

表 3.1 Yb：Er：Al_2O_3 材料体系光致发光特性数值计算中的相关参数

参 数	数 值
$\sigma_{Er\text{-}a13}$ Er 离子的抽运光吸收截面	$1.7\times10^{-21}cm^2$
$\sigma_{Er\text{-}e31}$ Er 离子的抽运光辐射截面	$0cm^2$
$\sigma_{Yb\text{-}a78}$ Yb 离子的抽运光吸收截面	$11.7\times10^{-21}cm^2$
$\sigma_{Yb\text{-}e87}$ Yb 离子的抽运光辐射截面	$11.6\times10^{-21}cm^2$
K_{tr18} 能量传递函数	$4.0\times10^{-17}cm^3/s$
τ_2 $^4I_{13/2}$ 激发态寿命	7.8ms
τ_3 $^4I_{11/2}$ 激发态寿命	30μs
τ_4 $^4I_{9/2}$ 激发态寿命	1.0ns
τ_5 $^4S_{3/2}$ 激发态寿命	7.0μs
τ_6 $^4F_{7/2}$ 激发态寿命	20ns
τ_8 $^2F_{5/2}$ 激发态寿命	1.1ms

文献［80］报道，当掺 Er 浓度不同，如 $N_{Er}=4.4\times10^{19}cm$ 和 $N_{Er}=2.7\times10^{20}cm^{-3}$ 时，实验测量合作上转换系数 C_2 分别为 $3.5\times10^{-18}cm^3/s$、$4.1\times10^{-18}cm^3/s$，表明合作上转换系数是随掺 Er 浓度变化的。因此，根据 Yb：Er 能量传递机制及微观晶体结构形式，可以唯象地推断，合作上转换、激发态吸收和交叉弛豫等非线性系数与 Yb：Er 掺杂浓度有着必然的关联。计算中，我们将合作上转换系数、交叉弛豫系数、激发态吸收系数都构建为与 Yb：Er 掺杂浓度呈线性关系的函数，如合作上转换系数为（简化计算，取 $C_2=C_3$）

$$C_2=C_3=A_1N_{Er}+B_1N_{Yb}+D_1 \tag{3.15}$$

激发态吸收系数（W_{ESA}）

$$W_{ESA}=A_2N_{Er}+B_2N_{Yb}+D_2 \tag{3.16}$$

交叉弛豫系数（C_{14}）

$$C_{14}=A_3N_{Er}\text{-}B_3N_{Yb}+D_3 \tag{3.17}$$

式（3.15）~式（3.17）中 A_i、B_i、D_i（$i=1\sim3$）皆是常量，在计算中需

要调整和优化，使数值模拟结果与实验测量相吻合。实验测量表明，合作上转换（CU）、激发态吸收（ESA）等非线性效应对 Er^{3+} 光致发光特性影响较大。高浓度 Yb 离子的掺入，一方面抑制 Er^{3+} 团簇的形成，减小了两个非线性效应的影响；另一方面也改善 Er^{3+} 的激活度，提高了 Er^{3+} 的有效掺杂浓度，又增大了两个非线性效应的影响，故综合考虑在式（3.15）、式（3.16）中两个系数随掺 Yb 浓度的增加而增大。

3.2.2　计算结果及讨论

计算中，Er 浓度变化范围取 $(0.1 \sim 1.5) \times 10^{20}/\text{cm}^3$，Yb 浓度变化范围取 $(0.1 \sim 4.0) \times 10^{21}/\text{cm}^3$，抽运功率变化范围在 0 ~ 200mW。调节、优化参数为：$A_1 = 0.265$、$B_1 = 2.65$、$D_1 = 3.48$；$A_2 = 0.1$、$B_2 = 0.1$、$D_2 = 3.92$；$A_3 = 0.09$、$B_3 = 0.009$、$D_3 = 3.291$。

当 Yb 掺杂浓度一定时，Yb：Er 共掺氧化铝材料光致发光强度随掺 Er 浓度、抽运功率等参量单调增加。初始时增加迅速，逐渐呈现饱和趋势，如图 3.6、图 3.7 所示，与文献［80］、［81］计算结果吻合。

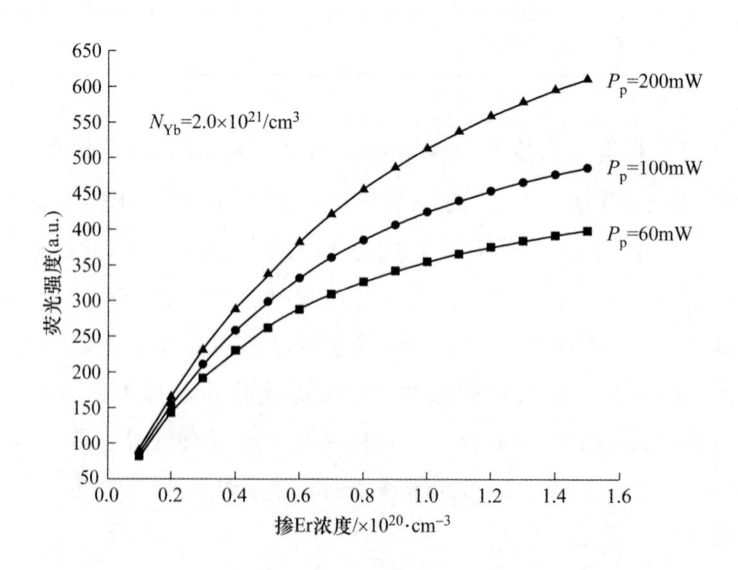

图 3.6　掺 Yb 浓度一定，荧光强度与掺 Er 浓度的关系

图 3.8 是 Yb：Er 共掺氧化铝材料光致发光强度随掺 Yb 浓度的变化关系。曲线 1、2 是将合作上转换、激发态吸收、交叉弛豫等系数取为常数，即不随

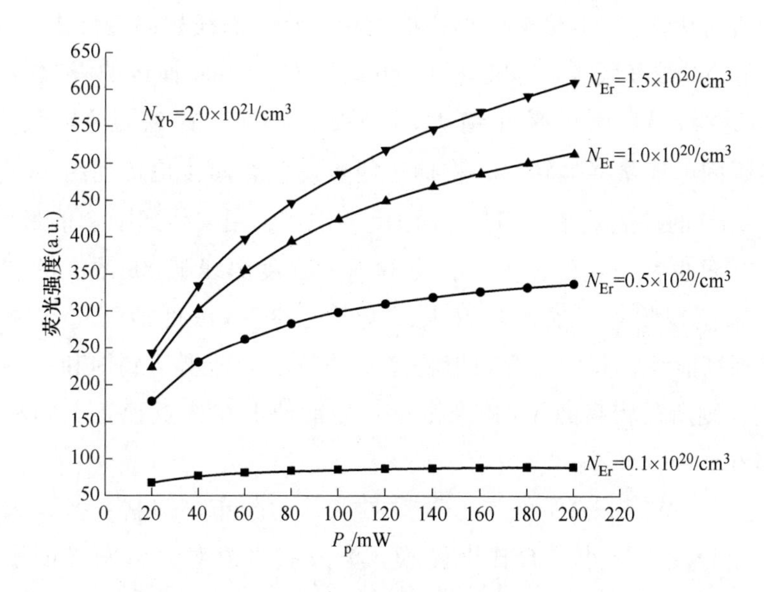

图 3.7 掺 Yb 浓度一定，荧光强度与抽运功率的关系

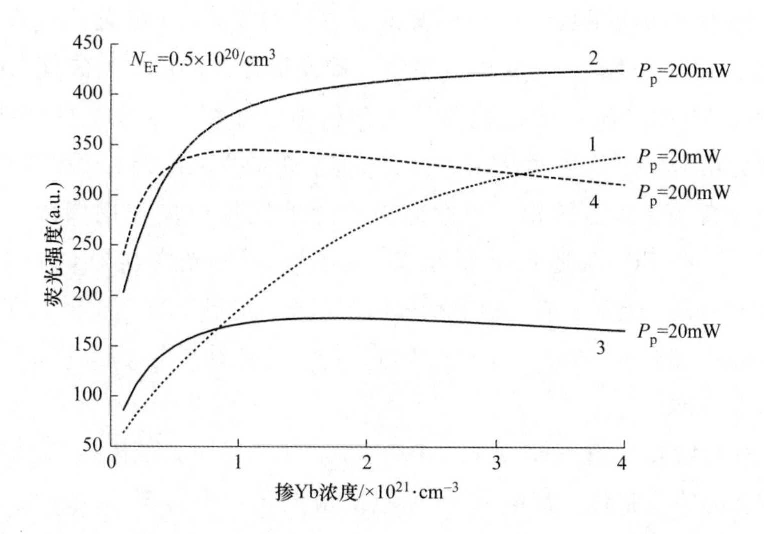

图 3.8 不同抽运功率下，荧光强度与掺 Yb 浓度的关系

Yb：Er 掺杂浓度变化时，光致发光强度随掺 Yb 浓度的变化趋势。两条曲线虽然抽运功率不同，但光致发光的峰值强度均随掺 Yb 浓度的增加而增强，变化也越来越缓慢，最终趋于饱和。抽运功率不同，1、2 曲线的光致发光强度饱和时所需的掺 Yb 浓度也不同。抽运功率大，曲线开始变化迅速，后来变化比

较慢，即所需优化掺Yb浓度较小；抽运功率小，曲线始终缓慢上升至饱和，所需优化掺Yb浓度较大。这是因为Yb离子对980nm抽运的吸收截面比Er大约一个量级，Yb离子吸收绝大部分抽运功率，并通过Yb$^2F_{7/2}$能级和Er$^4I_{11/2}$能级间的能量共振转移，将抽运能量高效、间接地传递给Er^{3+}，等效地提高了Er^{3+}的抽运效率。当掺Er浓度一定时，用来传递抽运能量的Yb离子浓度的需求也是一定的，因此，光致发光强度曲线随Yb浓度的增加，趋于平坦，未出现拐点。抽运功率大，较低的掺Yb浓度即可将有限的掺杂Er^{3+}抽运到高能级，并使Er^{3+}在亚稳态上的粒子数密度达到饱和；倘若抽运功率较小，则所需较高的Yb掺杂浓度，方能使Er^{3+}在亚稳态上的粒子数密度达到饱和。

实际上，虽然Yb离子的掺入分散了Er^{3+}的分布，抑制了Er^{3+}大团簇的形成，一定程度上减小了合作上转换、激发态吸收对光致发光的影响。但是，Yb离子的掺入也使Er^{3+}的抽运效率提高，各能级上的粒子密度增加，导致了合作上转换、激发态吸收对光致发光的影响明显增大。当将合作上转换系数、激发态吸收系数、交叉弛豫系数看作与Yb：Er掺杂浓度有关、按式（3.15）~式（3.17）变化的变量时，则模拟数值计算结果表明Er^{3+}光致发光强度随Yb掺杂浓度的变化曲线出现极值，如图3.8中的曲线3、4所示，即抽运功率与掺Er浓度一定时，有一最佳的掺Yb浓度。原因在于，随掺杂浓度的提高，合作上转换、激发态吸收等非线性效应作用增强，将亚稳态$^4I_{13/2}$能级上的Er^{3+}跃迁到更高能级，或形成可见光（红光664nm、绿光525nm和549nm）辐射，或无辐射跃迁回到基态，导致亚稳态上的粒子数密度下降，近红外1530nm波段光致发光强度下降。计算结果与文献［76］中的实验测量结果一致。

图3.9是掺Er浓度一定（$N_{Er}=0.5\times10^{20}/cm^3$）时，最佳掺Yb浓度随抽运功率变化的关系曲线，其中a、b两点对应图3.8中第3、4条曲线的极值点。从图3.9中可以看出：抽运功率增大，最佳掺Yb浓度降低。因为Yb作为敏化剂的主要功能是提高掺Er样品的抽运效率，掺Er浓度一定时，外部抽运功率提高，需要的掺Yb浓度也就降低了。

当抽运功率一定时，优化的Yb：Er掺杂浓度比值随掺Er浓度的增加而下降，如图3.10所示。掺Er浓度为$0.7\times10^{20}/cm^3$，最佳Yb：Er掺杂浓度比为2：1；掺Er浓度为$1.0\times10^{20}/cm^3$，最佳Yb：Er掺杂浓度比小于2：1，与文

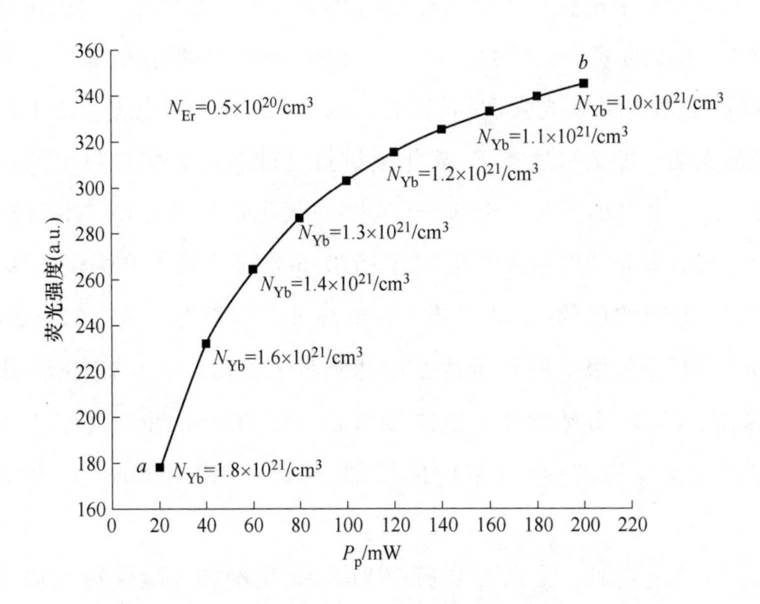

图 3.9 掺 Er 浓度一定时，荧光强度与抽运功率的关系

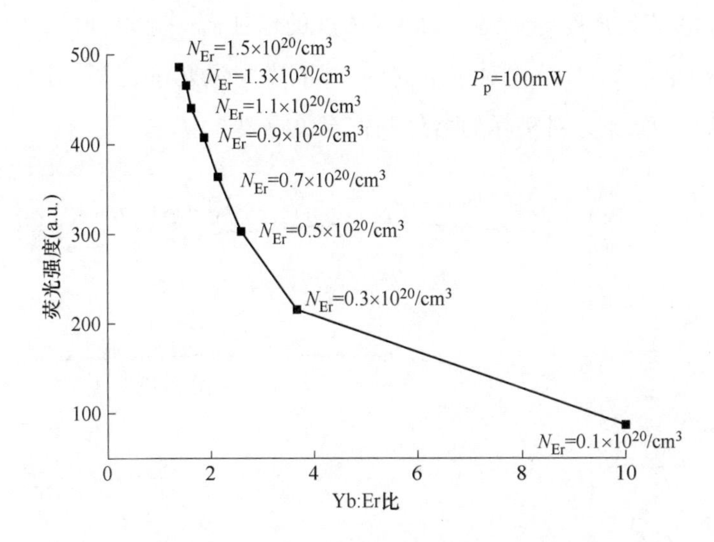

图 3.10 抽运功率一定时，荧光强度与最佳 Yb：Er 比的关系

献［76］中的实验测量趋势一致。定性的解释为：对于高掺 Er 浓度的氧化铝材料，较低浓度的 Yb 离子掺入时，Er^{3+} 抽运效率得到提高，虽然合作上转换、激发态吸收等非线性效应对近红外 1530nm 波段光致发光强度的影响也增大，

但 Er^{3+} 亚稳态能级上的粒子数密度还可以持续增加，光致发光谱强度增强；然而，随掺 Yb 浓度的进一步增加，合作上转换、激发态吸收等非线性效应对近红外 1530nm 波段光致发光强度的影响加剧，很快 Er^{3+} 亚稳态能级上的粒子数密度达到最大值，即高浓度掺 Er 氧化铝材料（硅酸盐玻璃材料也如此）的最佳 Yb：Er 浓度比较小。对于低掺 Er 浓度的氧化铝材料，Er^{3+} 本身合作上转换、激发态吸收等非线性效应对近红外 1530nm 波段光致发光强度的影响较小，相对而言需要较高浓度的 Yb 离子掺入，提高 Er^{3+} 亚稳态能级上的粒子数密度，直至使 Er^{3+} 亚稳态能级上的粒子数密度达到最大值时。无论低掺 Er 浓度还是高掺 Er 浓度，当掺 Yb 浓度高于最佳 Yb：Er 比的 Yb 浓度时，Er^{3+} 在亚稳态能级上的粒子数密度将随掺 Yb 浓度的增加下降，导致 1530nm 光致发光强度降低。

当抽运功率一定时，荧光强度随着 Yb：Er 比增加先增强后减弱，出现拐点，在掺 Er 浓度很小时，这个拐点不明显，如图 3.11 所示。也就是说，当抽运功率一定时，对应不同的掺 Er 浓度，有一最佳 Yb：Er 比。同时也反映出 Er 浓度一定时，荧光强度并不是随着 Yb 浓度的增加而一直增加的，有一最佳掺 Yb 浓度。但最佳 Yb：Er 比对于不同的 Er 浓度来说几乎是相同的。所以找到这个最佳 Yb：Er 比，对实际的器件制作至关重要。

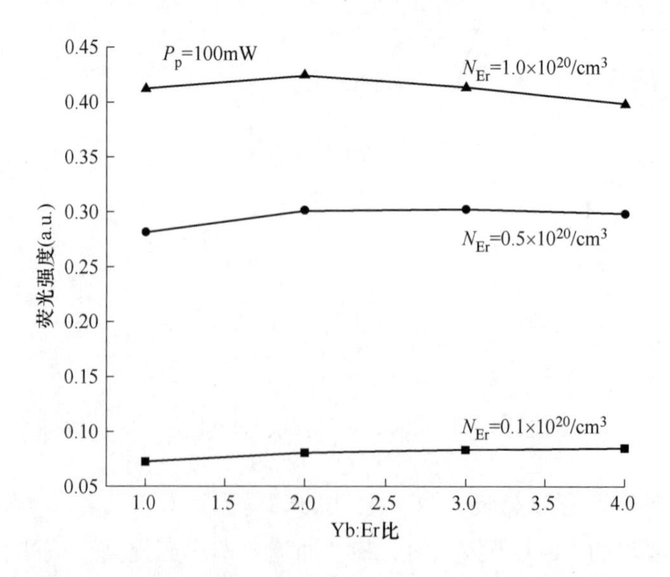

图 3.11　抽运功率一定时，荧光强度与 Yb：Er 比的关系

从图 3.12 中可以看出：在 Er 浓度一定时，最佳 Yb：Er 比随着抽运功率的增加而减小，对应同一抽运功率，随着 Er 浓度的增加，最佳 Yb：Er 比减小。对应同一抽运功率，Er 浓度在 $0.1\times10^{20}\sim1.5\times10^{20}/cm^3$ 范围内变化时，最佳 Yb：Er 比出现在 Er 浓度为 $0.1\times10^{20}/cm^3$ 时；如抽运功率在 1～200mW 变化，Er 浓度为 $0.1\times10^{20}/cm^3$ 时，最佳 Yb：Er 比的范围为 9～11。

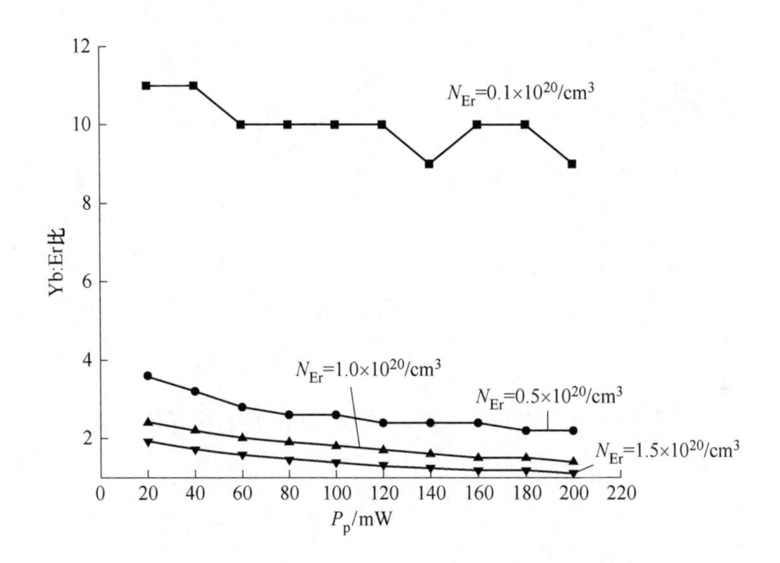

图 3.12　不同 Er 浓度下，最佳 Yb：Er 比与抽运功率的关系

当掺 Er 浓度一定时，Yb：Er 比值增加，荧光强度减弱，如图 3.13 所示。掺 Yb 浓度增加，但 Er 浓度是一定的，当达到最佳 Yb：Er 比值之后，再增加的 Yb 浓度，就不发挥作用。当 Yb：Er 比值增加，荧光强度减弱是必然的。抽运功率增加，最佳 Yb：Er 比值减小。当抽运功率增加，激发态作用增强，对用来传递能量的 Yb 离子需求减小，从而 Yb：Er 比值减小。

当 Yb：Er 比一定时，荧光强度随着抽运功率的增加而增强，而对于同一抽运功率，尽管 Yb：Er 比一定，但掺杂的 Yb：Er 浓度越大，荧光强度越强。在 Yb：Er 浓度比较小时，荧光强度随着抽运功率的增加变化不是很明显；而在 Yb：Er 浓度很高时，变化却很显著，如图 3.14 所示。所以在得到最佳 Yb：Er 掺杂比后，若再考虑抽运功率的影响，为了得到更高的荧光光强，就应该提高抽运功率，成比例地增加 Yb：Er 的掺杂浓度。

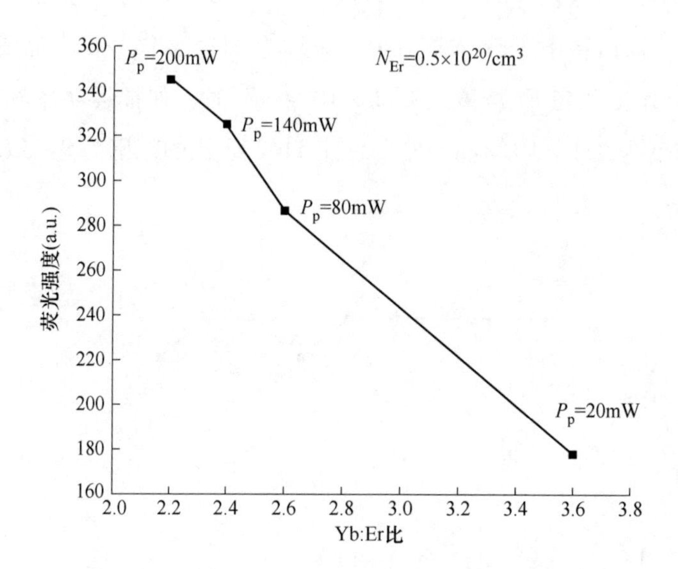

图 3. 13　掺 Er 浓度一定时，荧光强度与 Yb：Er 比的关系

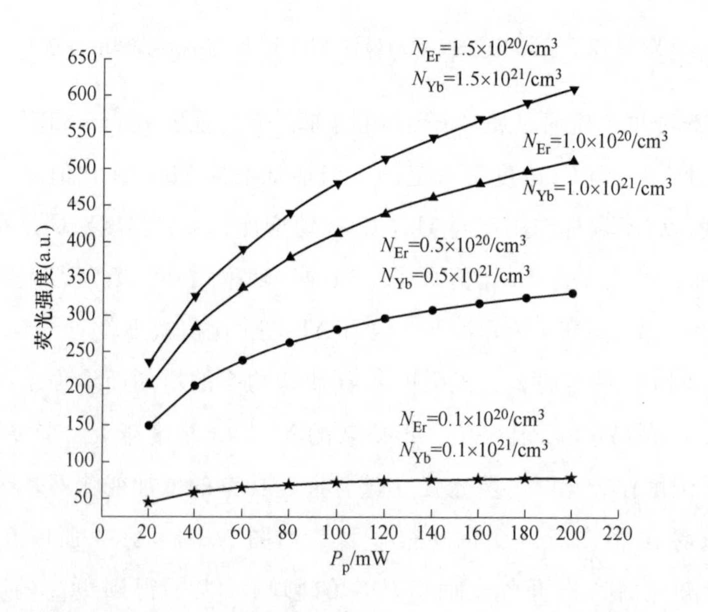

图 3. 14　Yb：Er 比一定时，荧光强度与抽运功率的关系

3.3 Yb : Er 共掺硅酸盐玻璃 1530nm、664nm、549nm 光致发光特性数值分析

与上节相似，在考虑了 Er^{3+} 的激发态吸收、交叉弛豫和两级合作上转换等非线性机制后，本节建立了 Yb : Er 共掺硅酸盐玻璃体系中九个能级的速率方程，旨在除讨论 1530nm 近红外波段的光致发光特性外，侧重数值分析了 Yb : Er 共掺硅酸盐玻璃样品由于双光子上转换而导致可见光波段 549nm、664nm 的荧光强度与掺杂浓度、抽运功率的关系。同样，也采用了构造合作上转换、激发态吸收等系数随 Yb : Er 掺杂浓度变化函数的方法，计算结果与大连理工大学周松强关于 Yb : Er 共掺硅酸盐玻璃样品多波段光谱特性测量相一致。

3.3.1 Yb : Er 共掺硅酸盐玻璃材料的能级结构和速率方程

图 3.15 是 980nm 激光器抽运时，Yb : Er 共掺硅酸盐玻璃材料体系的能级结构及跃迁示意图。与图 3.5 相比较，为讨论上转换的 664nm 的红光，增加了 $^4F_{9/2}$ 能级。从而增加了四个寿命数值 τ_5，τ_6，τ_{51}，τ_{61}。

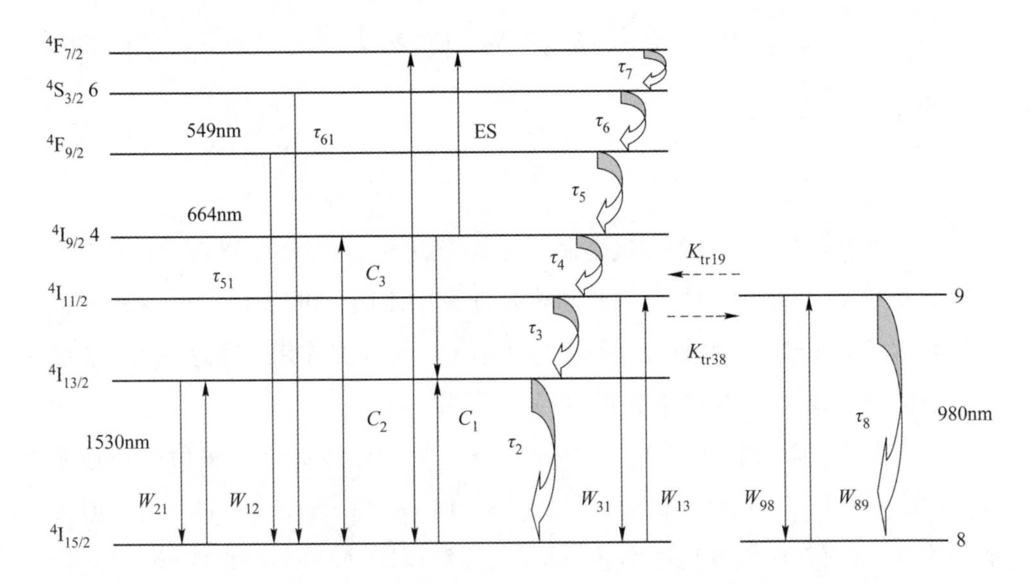

图 3.15 980nm 抽运时 Yb^{3+}-Er^{3+} 共掺系统的能级结构及跃迁示意图

相应的速率方程如下：

$$\frac{\mathrm{d}N_1}{\mathrm{d}t} = -W_{13}N_{1\,1} - W_{12}N - C_{14}N_1N_4 - K_{\mathrm{tr19}}N_1N_9 + W_{21}N_2 + \frac{N_6}{\tau_{61}} + \frac{N_5}{\tau_{51}} + W_{31}N_3 + \frac{N_2}{\tau_2} + C_2N_2^2 + C_3N_3^2 + K_{\mathrm{tr38}}N_3N_8 \tag{3.18}$$

$$\frac{\mathrm{d}N_2}{\mathrm{d}t} = W_{12}N_1 - W_{21}N_2 - \frac{N_2}{\tau_2} + \frac{N_3}{\tau_3} - 2C_2N_2^2 + 2C_{14}N_1N_4 \tag{3.19}$$

$$\frac{\mathrm{d}N_3}{\mathrm{d}t} = W_{13}N_1 - W_{31}N_3 - \frac{N_3}{\tau_3} + \frac{N_4}{\tau_4} - 2C_3N_3^2 - W_{\mathrm{ESA}}N_3 + K_{\mathrm{tr19}}N_1N_9 - K_{\mathrm{tr38}}N_3N_8 \tag{3.20}$$

$$\frac{\mathrm{d}N_4}{\mathrm{d}t} = -\frac{N_4}{\tau_4} + \frac{N_5}{\tau_5} + C_2N_2^2 - C_{14}N_1N_4 \tag{3.21}$$

$$\frac{\mathrm{d}N_5}{\mathrm{d}t} = -\frac{N_5}{\tau_5} + \frac{N_6}{\tau_6} - \frac{N_5}{\tau_{51}} \tag{3.22}$$

$$\frac{\mathrm{d}N_6}{\mathrm{d}t} = -\frac{N_6}{\tau_6} + \frac{N_7}{\tau_7} - \frac{N_6}{\tau_{61}} \tag{3.23}$$

$$\frac{\mathrm{d}N_7}{\mathrm{d}t} = -\frac{N_7}{\tau_7} + C_3N_3^2 + W_{\mathrm{ESA}}N_3 \tag{3.24}$$

$$N_{\mathrm{Er}} = N_1 + N_2 + N_3 + N_4 + N_5 + N_6 + N_7 \tag{3.25}$$

$$\frac{\mathrm{d}N_8}{\mathrm{d}t} = -W_{89}N_8 + W_{98}N_9 + \frac{N_9}{\tau_9} + K_{\mathrm{tr19}}N_1N_9 - K_{\mathrm{tr38}}N_3N_8 \tag{3.26}$$

$$\frac{\mathrm{d}N_9}{\mathrm{d}t} = -\frac{\mathrm{d}N_8}{\mathrm{d}t} \tag{3.27}$$

$$N_{\mathrm{Yb}} = N_8 + N_9 \tag{3.28}$$

式中，τ_{51}为能级$^4F_{9/2}$的发射能级寿命；τ_{61}为能级$^4S_{3/2}$的发射能级寿命；其余符号定义均与 Yb：Er：Al_2O_3 体系材料模拟计算中相同。进行 Yb：Er 共掺硅酸盐材料体系的光致发光特性分析时，也暂不考虑信号光作用，即忽略$^4I_{13/2}$能级与基态间的受激辐射/吸收速率 W_{12}和 W_{21}项的影响。

Er^{3+}基态受激吸收速率 W_{13}（$^4I_{15/2} \to {}^4I_{11/2}$）和激发态受激辐射跃迁速率 W_{31}（$^4I_{11/2} \to {}^4I_{15/2}$）计算公式也利用式（3.11）和式（3.12），$Yb^{3+}$的受激吸收速率 W_{89}和受激辐射跃迁速率 W_{98}计算同样利用式（3.13）和式（3.14）但由于材料变化了，Er^{3+}对抽运光的基态吸收截面、激发态辐射截面取值有所变化，Yb^{3+} 对抽运光的吸收和辐射截面取值也有所变化。

解式（3.18）~式（3.28）的稳态速率方程，可以计算出 Er^{3+} $^4I_{11/2}$ 能级 1530nm，664nm，549nm 的光致发光特性。数值模拟计算中使用的相应参数见表 3.2。

表 3.2　Yb：Er 共掺硅酸盐玻璃材料体系三种荧光致发光特性数值计算中的相关参数

参　　数	数　　值
$\sigma_{Er\text{-}a13}$ Er 离子的抽运光吸收截面	$2.58\times10^{-21}cm^2$
$\sigma_{Er\text{-}e31}$ Er 离子的抽运光辐射截面	$0cm^2$
$\sigma_{Yb\text{-}a89}$ Yb 离子的抽运光吸收截面	$11.9\times10^{-21}cm^2$
$\sigma_{Yb\text{-}e98}$ Yb 离子的抽运光辐射截面	$10.4\times10^{-21}cm^2$
K_{tr18} 能量传递函数	$21\times10^{-17}cm^3/s$
τ_2 $^4I_{13/2}$ 激发态寿命	8.0ms
τ_3 $^4I_{11/2}$ 激发态寿命	30μs
τ_4 $^4I_{9/2}$ 激发态寿命	1.0ns
τ_5 $^4F_{9/2}$ 激发态寿命	491.1μs
τ_{51} $^4F_{9/2}$ 发射能级寿命	260μs
τ_6 $^4S_{3/2}$ 激发态寿命	283.6μs
τ_{61} $^4S_{3/2}$ 发射能级寿命	240μs
τ_7 $^4F_{7/2}$ 激发态寿命	20ns
τ_8 $^2F_{5/2}$ 激发态寿命	2.0ms

计算中，我们将合作上转换系数、交叉弛豫系数、激发态吸收系数都构建为与 Yb：Er 掺杂浓度呈线性关系的函数，在计算中需要调整和优化，使数值模拟结果与实验测量相吻合。参数的调整方法同 3.1 节中的方法相同。

3.3.2 计算结果及讨论

计算中，Er 浓度变化范围取$(0.1\sim1.5)\times10^{20}/\text{cm}^3$，Yb 浓度变化范围取$(0.1\sim4.0)\times10^{21}/\text{cm}^3$，抽运功率变化范围在 0～200mW。计算结果是在抽运功率为200mW 时得到的。调节、优化参数为：$A_1=0.265$，$B_1=1.59$，$D_1=3.32$；$A_2=0.1$，$B_2=0.1$，$D_2=3.92$；$A_3=0.9$，$B_3=0.009$，$D_3=3.291$。

当 Er^{3+} 离子浓度一定时，荧光强度随 Yb^{3+} 离子浓度的变化关系如图 3.16 所示。在 Yb^{3+} 离子浓度较低时，1530nm 荧光强度是逐渐增加的，当到达峰值之后，它开始逐渐减小。从图中可以看出，存在一个最佳掺 Yb^{3+} 浓度。这与 Yb：Er 共掺氧化铝材料光致发光强度随掺 Yb 浓度的变化关系是相同的，如图 3.8 所示。基态 Er^{3+} 离子跃迁到$^4I_{11/2}$能级通过两种方式，描述如下：

$$Er^{3+}(^4I_{15/2})+\gamma\longrightarrow Er^{3+}(^4I_{11/2})(\text{GSA}) \tag{3.29}$$

$$Er^{3+}(^4I_{15/2})+Yb^{3+}(^2F_{5/2})\longrightarrow Er^{3+}(^4I_{11/2})+Yb^{3+}(^2F_{7/2})(\text{ET}) \tag{3.30}$$

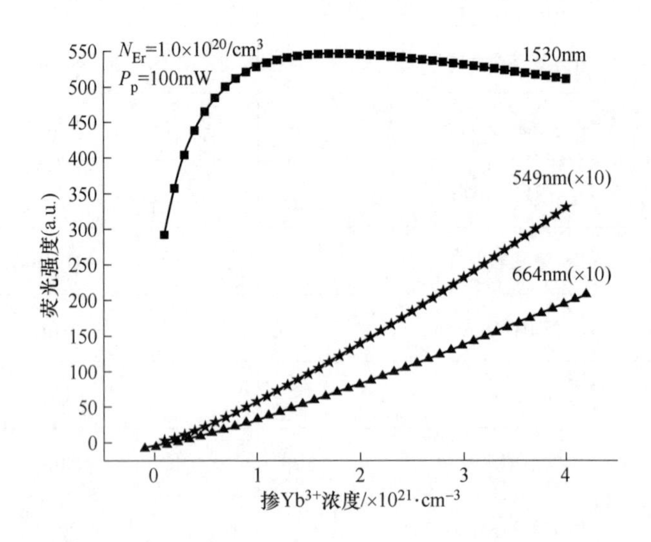

图 3.16 掺 Er^{3+} 浓度一定时，荧光强度与掺 Yb^{3+} 浓度的关系

根据 Forster-Dexter 能量传递模型可估算 Yb^{3+}-Er^{3+} 能量传递系数为：

$$K_{tr}=4\pi R_0^6/(3R_{Yb/Er}^3\tau_{Yb}) \tag{3.31}$$

式中，R_0 为临界作用间距；$R_{Yb/Er}$为 Yb^{3+} 和 Er^{3+} 之间的平均间距；τ_{Yb}为 Yb^{3+} 离子$^2F_{5/2}$能级的平均寿命。因为 Yb^{3+} 的吸收截面比 Er^{3+} 离子的吸收截面大一个数

量级，从而有效的改进了 Er^{3+} 离子的抽运功率。由式（3.31）可知，当掺 Yb^{3+} 离子浓度的增加时，$R_{Yb/Er}$ 将变小，Yb^{3+}-Er^{3+} 能量传递系数将变大。从而导致第二个过程对于 $^4I_{11/2}$ 能级上的粒子数增加是至关重要的。由于无辐射弛豫寿命 τ_3 非常短，在 $^4I_{11/2}$ 能级上的 Er^{3+} 离子会迅速跃迁到 $^4I_{13/2}$ 能级上。当 Yb^{3+} 离子浓度比较小时，Yb^{3+}-Er^{3+} 能量传递系数比较小，同时，合作上转换和无辐射弛豫对 $^4I_{13/2}$ 能级上的离子数的影响很小，所以 1530nm 荧光强度逐渐增加。可是，当 Yb^{3+} 离子浓度到达最佳掺杂浓度之后，如果 Yb^{3+} 离子浓度继续增加，一方面向猝灭中心 OH^- 等传递能量的途径也将增多，这导致了能量被 OH^- 等无辐射跃迁消耗；另一方面在 $^4I_{13/2}$ 能级上的 Er^{3+} 离子跃迁到更高的能级 $^4F_{9/2}$

$$Er^{3+}(^4I_{13/2}) + \gamma \longrightarrow Er^{3+}(^4F_{9/2})(ESA) \tag{3.32}$$

从而 $^4F_{9/2}$ 能级上离子数增加。这都使得在亚稳态上的离子数减少，因此近红外 1530nm 荧光强度减小。

通过能量传递、合作上转换和激发态吸收的作用，都可以使 $^4F_{7/2}$ 能级上的 Er^{3+} 离子增加：

$$Er^{3+}(^4I_{11/2}) + Yb^{3+}(^2F_{5/2}) \longrightarrow Er^{3+}(^4F_{7/2}) + Yb^{3+}(^2F_{7/2})(ET) \tag{3.33}$$

$$Er^{3+}(^4I_{11/2}) + Er^{3+}(^4I_{11/2}) \longrightarrow Er^{3+}(^4F_{7/2}) + Er^{3+}(^4I_{15/2})(CU) \tag{3.34}$$

$$Er^{3+}(^4I_{11/2}) + \gamma \longrightarrow Er^{3+}(^4F_{7/2})(ESA) \tag{3.35}$$

由于 $^4I_{11/2}$ 能级寿命很短，ESA 和 CU 过程不能充分发生作用。可是，ET 可以充分发挥作用。因为能级 $^4F_{7/2}$ 的激发态寿命只有 20ns，此能级上的粒子迅速地无辐射弛豫到 $^4S_{3/2}$，所以在 $^4S_{3/2}$ 能级上的 Er^{3+} 离子是增加的，$^4S_{3/2}$ 能级上的 Er^{3+} 离子跃迁到 $^4I_{15/2}$ 能级，就发出 549nm 的绿光。因此绿光的荧光强度也是增加的。

由于 $^4I_{11/2}$ 能级低的激发态寿命仅为 30μs，此能级上的离子将迅速无辐射弛豫的 $^4I_{13/2}$ 能级上。接着，ESA，ET，交叉弛豫 CR 过程将会发生：

$$Er^{3+}(^4I_{13/2}) + \gamma \longrightarrow Er^{3+}(^4F_{9/2})(ESA) \tag{3.36}$$

$$Er^{3+}(^4I_{13/2}) + Yb^{3+}(^2F_{5/2}) \longrightarrow Er^{3+}(^4F_{9/2}) + Yb^{3+}(^2F_{7/2})(ET) \tag{3.37}$$

$$Er^{3+}(^4I_{11/2}) + Er^{3+}(^4I_{13/2}) \longrightarrow Er^{3+}(^4F_{9/2}) + Er^{3+}(^4I_{15/2})(CR) \tag{3.38}$$

在这三个过程中，前两个过程将会占主要地位，主要是由于在硅酸盐玻璃中 $^4I_{13/2}$ 能级相比于 $^4I_{11/2}$ 能级较长的寿命，可以达到几个毫秒。另外，$^4S_{3/2}$ 能级的离子无辐射弛豫也有助于 $^4F_{9/2}$ 能级的离子数翻转，但是由于两能级间能带宽度较大，此贡献不大。但这三个过程都导致 $F_{9/2}$ 能级的离子数增加，$^4F_{9/2}$ 能级的离子跃迁到基态就产生了对应于 664nm 的红光。因而，红光的荧光强度随着掺 Yb 浓度的增加而增加。

从图 3.16 可以看到红光和绿光的荧光强度虽然都是增强的，但当掺 Yb 为一定值时，绿光的荧光强度几乎是红光的荧光强度的两倍。这同文献［52］实验测量是相吻合的，如图 3.17 所示。

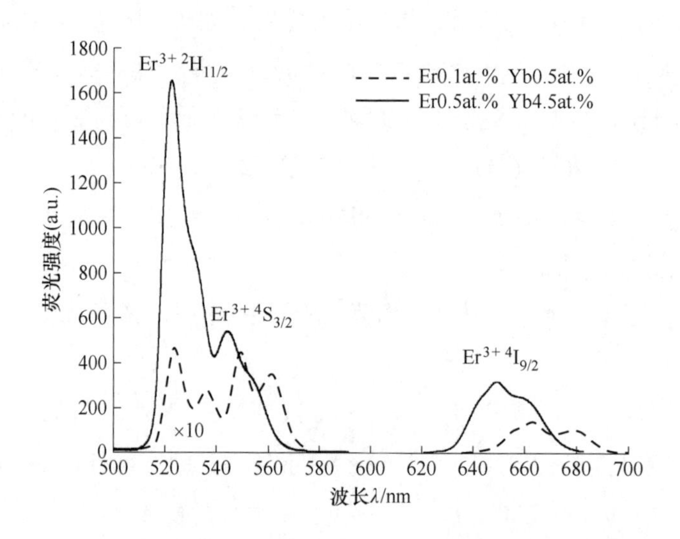

图 3.17　上转换发光的红光和绿光光谱

当掺入的 Yb^{3+} 离子浓度一定时，荧光强度随着 Er^{3+} 离子浓度增加的变化如图 3.18 所示。对于 1530nm 的荧光，它的荧光强度随着掺 Er 浓度的增加一直增加。当掺 Er 浓度增加时，式（3.29）和式（3.30）所示的过程就会发生。这同掺 Er 浓度一定，1530nm 荧光的荧光强度随着掺 Yb 浓度增加而增强的原因相同。但是，此时的 1530nm 荧光的荧光强度没有峰值。当掺 Er 浓度增加时，基态吸收的重要性增加。这个过程同样导致 $^4I_{11/2}$ 能级上的离子数增加。离子迅速无辐射弛豫到 $^4I_{13/2}$ 能级上，此能级离子数增加，1530nm 荧光的荧光强度是不断增加的，它没有峰值。

绿光的荧光强度随着掺 Er 浓度的增加一直增强，并且增加地越来越迅速。当掺 Er 浓度较低时，式（3.33）所示的过程贡献较大。随着掺 Er 浓度的增加，式（3.34）、式（3.35）所示的过程不可以忽略。这三个过程都使得 $^4F_{7/2}$ 能级上的离子数增加。$^4F_{7/2}$ 能级上的 Er^{3+} 离子迅速无辐射弛豫到 $^4S_{3/2}$ 能级上，

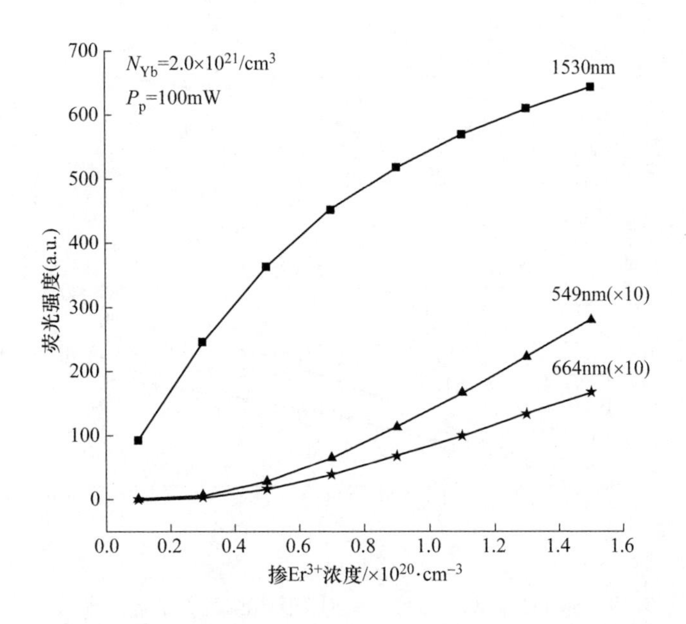

图 3.18 掺 Yb^{3+} 浓度一定时，荧光强度与掺 Er^{3+} 浓度的关系

$S_{3/2}$能级上离子数增加，即绿光的荧光强度增加，而且是迅速增加，由此可见，对绿光而言，当掺 Er 浓度增加时，激发态吸收和交叉弛豫的影响增加。

当掺 Er 浓度增加时，红光的荧光强度的变化趋势同绿光的荧光强度的变化趋势是相同的。当掺 Er 浓度增加时，式（3.36）~式（3.38）所示的过程同样重要。也就是说，当掺 Er 浓度较高时，交叉弛豫过程的重要性增加。这也是当掺 Er 浓度较大时，红光的荧光强度迅速增加的原因。

当掺 Yb 和掺 Er 浓度一定时，1530nm 的荧光的荧光强度随着抽运功率的增加而增强，如图 3.19 所示。当抽运功率增加时，

$$Yb^{3+}(^2F_{7/2}) + \gamma \longrightarrow Yb^{3+}(^2F_{5/2})(GSA) \tag{3.39}$$

式（3.38）所示的过程使得$^2F_{5/2}$能级上的 Yb^{3+} 增加，此能级上的离子，再通过式（3.30）所示的过程使$^4I_{11/2}$能级上的 Er^{3+} 离子数增加，间接使得$^4I_{13/2}$能级上的 Er^{3+} 离子数增加。实际上，对于 1530nm 的荧光来说，抽运功率的增加，能量传递的影响增加，所以 1530nm 荧光的荧光强度增加。

对于绿光来说，随着抽运功率的增加，式（3.33）所示的能量传递过程重要性增加。间接导致$^4S_{3/2}$能级上离子数增加。也就是说，当抽运功率增加时，先是交叉弛豫的影响增加，使得$^4I_{11/2}$能级上的 Er^{3+} 离子数增加，进一步使得能

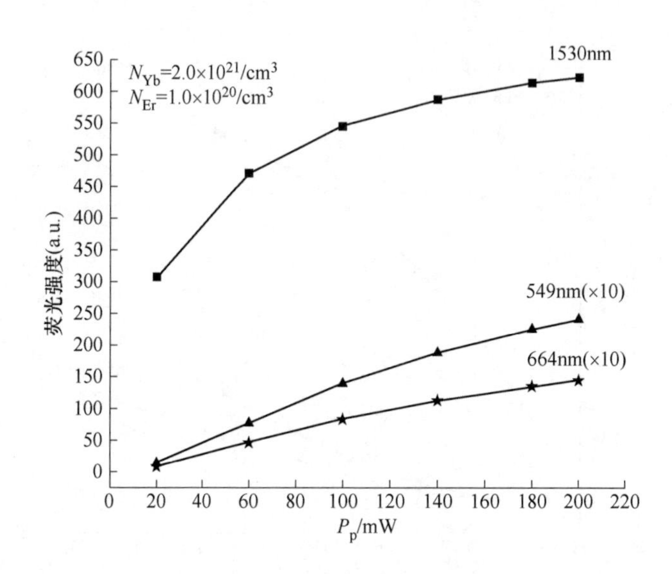

图 3.19 掺 Yb^{3+}、Er^{3+} 浓度一定时，荧光强度与抽运功率的关系

量传递的影响增加，这都使得绿光的荧光强度随着抽运功率的增加而增强。

对于红光来说，当抽运功率增加时，式（3.37）所示的能量传递过程的影响增加。$^4F_{92}$能级上的离子数增加，红光的荧光强度是增加的。

进行模拟计算的目的是得到最佳 Yb^{3+}：Er^{3+} 比值。图 3.20 所示为当抽运功率一定时，对于 1530nm、664nm、549nm 三种荧光的荧光强度与最佳 Yb^{3+}：Er^{3+} 比值之间的关系。从图中可以看出，随着最佳 Yb^{3+}：Er^{3+} 比值的增加，荧光强度是减小的。

出现这种情况的主要原因是每个能级容纳的粒子数并不是无限的。从 Yb^{3+} 离子的作用来说，当 Er^{3+} 离子浓度不断增加时，$^4I_{13/2,}$ $^4F_{9/2,}$ $^4S_{3/2}$能级上的离子数是不断增加的，因此只需要很小比例的 Yb^{3+} 离子，就可以使其达到饱和，这就使得最佳比值随着 Er^{3+} 离子浓度的增加而减小。从另一个方面来说，当 Er^{3+} 离子浓度不断增加时，Yb^{3+}-Er^3 和 Er^{3+}-Er^{3+}之间的相互作用通过以下两种方式不断增强：

$$Er^{3+}(^4I_{11/2}) + Yb^{3+}(^2F_{5/2}) \longrightarrow Er^{3+}(^4F_{7/2}) + Yb^{3+}(^2F_{7/2})(ET) \quad (3.33)$$

$$Er^{3+}(^4I_{11/2}) + Er^{3+}(^4I_{11/2}) \longrightarrow Er^{3+}(^4F_{7/2}) + Er^{3+}(^4I_{15/2})(CU) \quad (3.34)$$

这使得中心能量淬灭现象增加，导致 Er^{3+} 离子浓度增加，最佳比值减小。

当掺 Er 浓度一定时，最佳 Yb：Er 比与抽运功率的关系如图 3.21 所示。

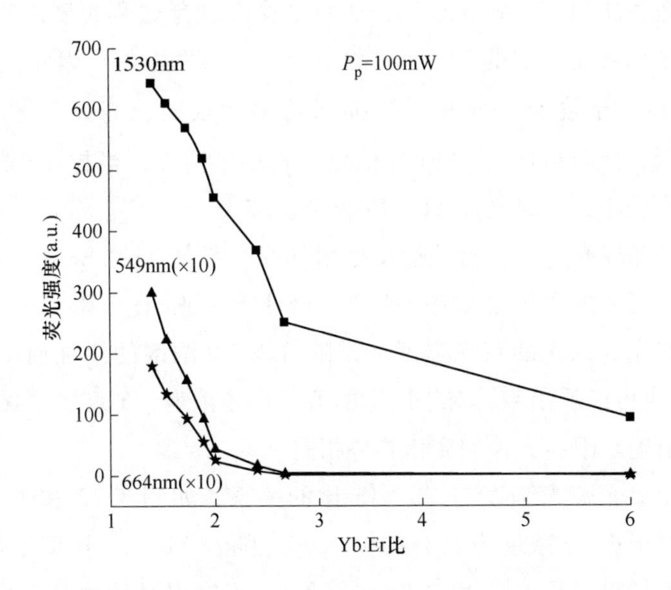

图3.20 抽运功率一定时，荧光强度与最佳 Yb：Er 比的关系

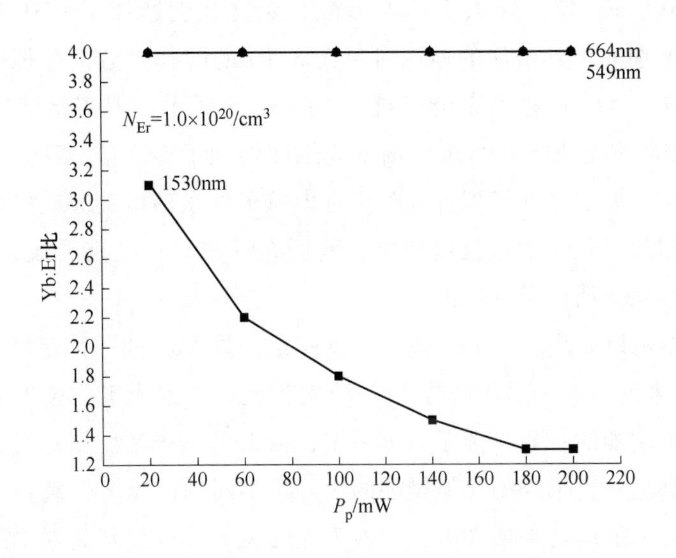

图3.21 掺 Er 浓度一定时，最佳 Yb：Er 比与抽运功率的关系

从图中可以看出：对于1530nm 荧光，随着抽运功率的增加，最佳 Yb：Er 比减小，变化范围为1.3～3.1。当抽运功率增加时，通过基态吸收，使得在$^4F_{7/2}$能级上的大部分 Yb^{3+} 离子跃迁到$^4F_{5/2}$能级，而且当掺 Yb 浓度也增加时，$^4F_{5/2}$能

级上的离子数急剧增加。式（3.30）表示的交叉弛豫过程也随之发生。但是，因为 Er^{3+} 离子浓度是一定的，这个过程不能是一直发生的。因此，需要 $^4F_{5/2}$ 能级上的 Yb^{3+} 离子浓度是一定的。当抽运功率增加时，需要在 $^4F_{7/2}$ 能级上的 Yb^{3+} 离子就低，此时最佳 Yb：Er 比值就比较小。同理，当掺 Yb 浓度较高时，需要抽运功率较小，此时最佳 Yb：Er 比值就较大。

对于红光和绿光来说，当抽运功率增加时，最佳 Yb：Er 比值不变，是一固定值。而且二者的变化曲线完全重合，最佳 Yb：Er 比值都为 4。当掺 Er 浓度一定时，红光和绿光的荧光强度都是随着掺 Yb 浓度的增加而一直增强的，这从图 3.16 也可以看出来。对于固定的 Er^{3+} 离子浓度，Yb^{3+} 离子浓度最大时，最佳比值均出现。因而，他们变化趋势相同。

从红光和绿光荧光强度与 Yb：Er 比的关系，如图 3.22 和图 3.23 所示。可以看出：对于掺 Er 浓度为 $0.1\times10^{20}/cm^3$，随着 Yb：Er 比值增加，其荧光强度变化并不是很明显。当 Yb：Er 比值是 9：1 时仅是比值是 1：1 时的近 2 倍；对于掺 Er 浓度为 $0.5\times10^{20}/cm^3$，荧光强度的变化就很显著。当掺 Yb 浓度从 $0.5\times10^{21}/cm^3$ 增加到 $4.5\times10^{21}/cm^3$，荧光强度增加了近 10 倍。但总趋势都是逐渐增加的。其增加的原因可见图 3.16 的解释。数值模拟的结果同实验结果（文献［52］）趋势完全相同，如图 3.24 所示。但实验结果是 Yb^{3+} 离子浓度从 0.5at.% 增加到 4.5at.% 时绿光强度增加了 180 倍。这同我们的模拟结果有所差别。原因是在模拟计算时未考虑粒子的激活度问题。实际上，随着掺杂浓度的增加，粒子的激活度增加，我们在计算时，把其看成是一固定值，这就是导致结果有所偏差的原因。

从结果中可以看出：当 Er^{3+} 离子浓度一定，掺 Yb^{3+} 离子浓度增加时，对于 1530nm 荧光来说，有一最佳的掺 Yb^{3+} 浓度，但对于红光荧光强度和绿光荧光强度却是一直增加的；Yb^{3+} 离子浓度一定，掺 Er^{3+} 离子浓度增加时，三种荧光的荧光强度都是一直增加的，但增加的快慢是不同的；当 Er^{3+} 离子浓度、Yb^{3+} 离子浓度一定，抽运功率增加时，三种荧光的荧光强度仍然是增加的。计算结果与 Yb：Er 共掺硅酸盐玻璃体系发光谱测量相吻合，表明合作上转换、激发态吸收和交叉弛豫等系数随 Yb：Er 掺杂浓度变化的假设是合理的。

总之，考虑了 Er^{3+} 的激发态吸收、交叉弛豫和两级合作上转换等非线性效应，建立了 Yb：Er 共掺 Al_2O_3 材料体系的八个能级的 10 个速率方程。根据部分系数的实验结果，唯象地构造了合作上转换、激发态吸收等系数随 Yb：Er

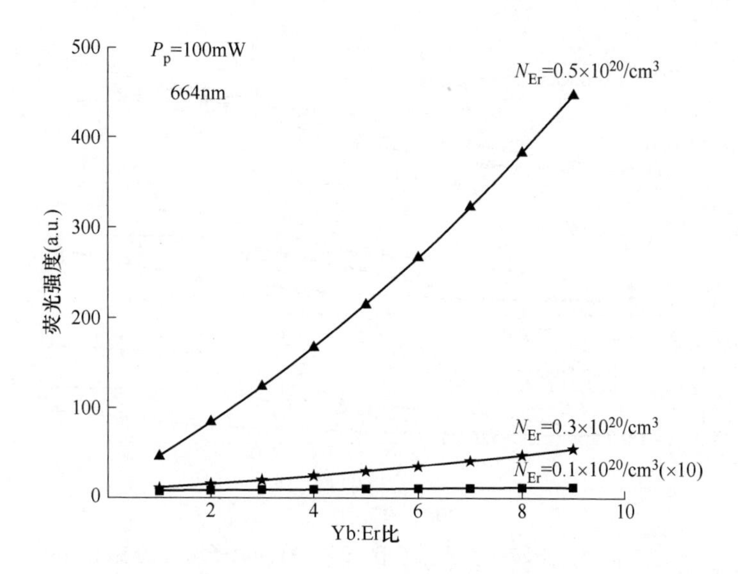

图 3.22 抽运功率一定时，红光荧光强度与 Yb：Er 比的关系

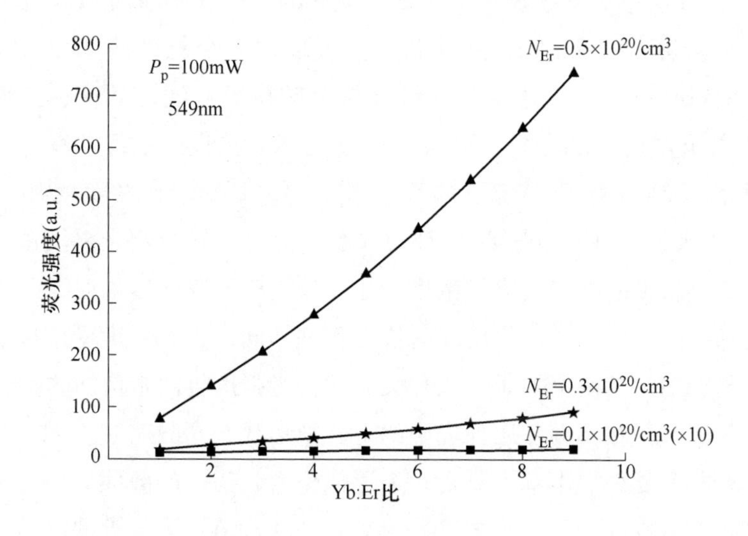

图 3.23 抽运功率一定时，绿光荧光强度与 Yb：Er 比的关系

掺杂浓度的变化函数，数值模拟了 Yb：Er 共掺 Al_2O_3 薄膜 1530nm 光致发光荧光强度与掺杂浓度、抽运功率的关系。计算结果表明：一定抽运功率、掺 Er 浓度下，掺 Yb 浓度存在一个最佳值；掺 Er 浓度一定，最佳 Yb：Er 浓度比值随抽运功率的增强而下降；抽运功率一定，最佳 Yb：Er 浓度比值则随掺 Er 浓

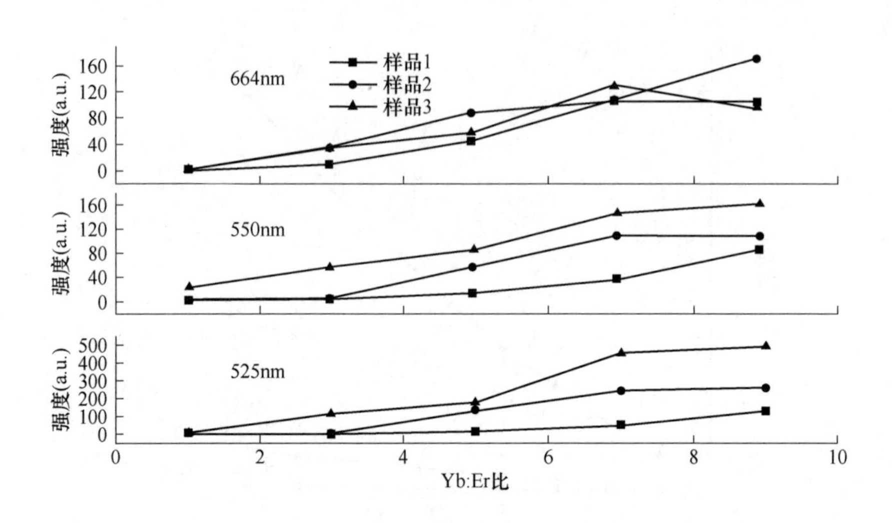

图 3.24　上转换发光强度随 Er^{3+}/Yb^{3+} 离子浓度的变化

度的升高而下降。计算结果与实验相吻合。

对 Yb：Er 共掺硅酸盐玻璃的 1530nm、664nm、549nm 光致发光特性进行了数值分析。建立了 Yb：Er 共掺硅酸盐玻璃的九个能级的 11 个速率方程，考虑了激发态吸收、交叉弛豫和两级合作上转换等非线性效应，数值模拟了 Yb：Er 共掺硅酸盐玻璃光致发光荧光强度与掺杂浓度、抽运功率的关系。通过模拟计算发现：当 Er^{3+} 离子浓度一定，掺 Yb^{3+} 离子浓度增加时，对于 1530nm 荧光来说，有一最佳的掺 Yb^{3+} 浓度，但对于红光荧光强度和绿光荧光强度却是一直增加的；Yb^{3+} 离子浓度一定，Er^{3+} 离子浓度增加时，三种荧光的荧光强度都是一直增加的，但增加的快慢程度不同；当 Er^{3+} 离子浓度、Yb^{3+} 离子浓度一定，抽运功率增加时，三种荧光的荧光强度仍然是增加的。

由于三价 Er^{3+} 在不同基质环境中的上转换形式、参数略有不同，导致严格的速率方程非常复杂。本章主要是一个近似模型，初步的数值分析与实验测量结果趋势吻合得较好。下一步的工作是，考虑 Er：Yb 反向能量传递等参数的影响，进一步完善速率方程，是模拟结果更符合实际。

4　掺 Er、Yb：Er 共掺硅酸盐玻璃的温度特性

目前，高温测量有许多种方式，典型的代表有热电偶、光纤温度传感器等[82-83]。但这些技术多为绝对量标定，即将温度量值直接转换为被测量值的大小，不可避免地受到包括环境等多种因素的影响，限制了测量的准确度。而且一般来说，目前的温度传感器可测温度越高，测量误差越大，即存在温度上限和灵敏度两个重要指标不能同时兼顾的矛盾。

随着对稀土 Er^{3+} 研究的深入，特别是利用 Er^{3+} 光致发光的 534nm、549nm 两条上转换绿光光谱的荧光强度比（FIR，fluorescence intensity ratio）测量高温成为研究热点[84-85]。基于 FIR 的光学温度传感器采取的信号是同一传感器掺杂的 Er^{3+} 相邻能级间发射的两个光束强度的相对比值，因此，较好地克服了电源波动、电磁辐射等因素的干扰，可以显著地提高测量灵敏度。而且，传感器探头可以设计成与控制、显示系统之间采用光纤耦合，避免含电系统单元在危险地带出现，因此，也非常适合特殊环境下的温度测量。

寻找耐高温、绿上转换光致发光谱强、荧光强度比值大的掺 Er 光学材料是该领域研究的一个重点，如掺 Er、Yb：Er 共掺的陶瓷材料、氧化铝材料等。在玻璃材料的探索中，先后讨论了 SiO_2 玻璃[86]、Li：TeO_2 玻璃[34]和 Bi_2O_3：Li_2O：BaO：PbO 玻璃[35]等。但是，上述玻璃材料或化学稳定性、耐温特性较差，只能在低于 530K（257℃）的温度环境中使用，或 Er^{3+} 固溶度低，不利于光信号的采集。

本章中，首先介绍了一种掺 Er、Yb：Er 共掺硅酸盐玻璃样品的制备工艺；分析了基于荧光强度比光学温度传感器的工作原理，讨论了相应能级粒子布居的主要途径是双光子作用的上转换过程；测量了掺 Er、Yb：Er 共掺硅酸盐玻璃样品在 298～673K 温度变化范围内，980nm 半导体激光器抽运时，Er^{3+} 上转换光致发光谱 534nm 和 549nm 强度比 $R = I_{534}/I_{549}$ 与绝对温度 T 的关系，为高灵敏温度传感器、温度测量系统的研制提供参考依据。

4.1　掺 Er、Yb：Er 共掺硅酸盐玻璃制备工艺

掺 Er 硅酸盐玻璃和 Yb：Er 共掺硅酸盐玻璃样品的烧制流程如图 4.1 所示[87]。将二氧化硅、三氧化二铒、三氧化二镱、碳酸钠、硼酸和氢氧化钡等原材料分别按计算配比称重，混合在研钵中，细细地研磨成粉末，并搅拌均匀，然后装入 50mL 的刚玉坩埚中、敦实。需注意的是，由于碳酸钠和硼酸在

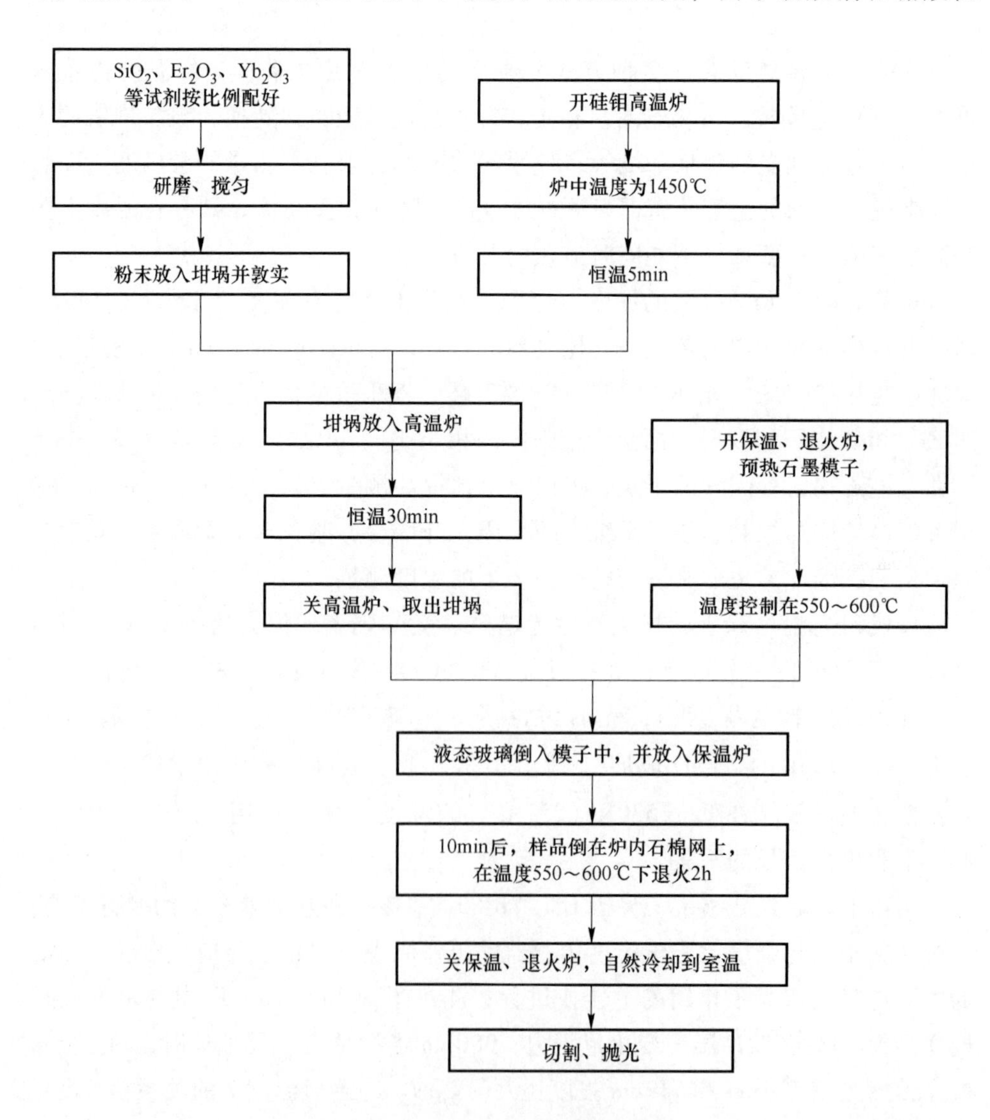

图 4.1　掺 Er 硅酸盐玻璃烧制流程

高温时容易发生挥发，故分别多加15%和20%的补足量。

将厚10mm的石墨板加工成一定形状的模型。

开启硅钼高温炉，小电流预热20min后，加大电流升温至1450℃，改用自动挡恒温5min。先关闭高温炉电源，再将5个装有不同配比的原料坩埚送入炉内，重新开启高温炉电源，升温、恒温1450℃。与此同时，把石墨制成的模子放入另一台保温炉中，恒温在550～600℃之间。30min后，硅钼高温炉内玻璃原料已经呈熔融状态。关闭高温炉电源，将掺Er、Yb：Er共掺玻璃液态样品依次倒入模子中并送入保温炉内，保持炉温550～600℃。10min后，将样品从每个模子中倒出、放置在保温炉中的石棉网上。继续保持上述恒温3h，关闭电源，使保温炉内自然冷却到室温。取出样品，经过切割、抛光等工艺后，就可以得到3mm×15mm×25mm大小的粉色透明的掺Er、Yb：Er共掺玻璃样品。

补充的是，为使Yb和Er分布更均匀，可以进行二次熔融，即将成品后的掺Er、Yb：Er共掺硅酸盐玻璃样品碾碎，再重新烧制、成型、切割和抛光。

我们与大连理工大学硕士研究生周松强合作，制备了多种参数的掺Er硅酸盐玻璃、Yb：Er共掺硅酸盐玻璃系列样品。本章中，主要以掺Er浓度为0.8at.%的单掺Er硅酸盐玻璃（成分为（单位g）：$9.41Er_2O_3$：$66.35SiO_2$：$0.75B_2O_3$：$3.07BaO$：$10.42Na_2O_3$），掺Er 0.5at.%、掺Yb 6at.% Yb：Er共掺硅酸盐玻璃（成分为（单位g）：$1.928Er_2O_3$：$23.830Yb_2O_3$：$21.442SiO_2$：$10.508\ B_2O_3$：$11.032\ Na_2O_3$：$1.260BaO$）为例，分别研究了其温度特性。

4.2 基于荧光强度比的温度测量原理

在980nm抽运光激发下，Er^{3+}由基态$^4I_{15/2}$通过某些途径（下文详细讨论）跃迁到激发态$^4S_{3/2}$和$^2H_{11/2}$。依据玻耳兹曼分布，激发态上的Er粒子数密度n_H、n_S比为

$$\frac{n_H}{n_S}=\frac{f_H}{f_S}\exp\left(-\frac{E_H-E_S}{kT}\right)=\frac{f_H}{f_S}\exp\left(-\frac{\Delta E}{kT}\right) \tag{4.1}$$

式中，n_H、n_S分别为高能级$E_H(^2H_{11/2})$、低能级$E_S(^4S_{3/2})$上的粒子数密度；f_H、f_S分别为相应能级的简并度；ΔE为两能级能量间隙；k为玻耳兹曼常数；T为绝对温度。

从图 4.2 看到，$E_{\mathrm{H}} > E_{\mathrm{S}}$，因此一般而言，在低温时 $n_{\mathrm{H}} < n_{\mathrm{S}}$，则$^2\mathrm{H}_{11/2} \rightarrow {}^4\mathrm{I}_{15/2}$能级间辐射的 534nm 绿色荧光强度 I_{534} 弱于$^4\mathrm{S}_{3/2} \rightarrow {}^4\mathrm{I}_{15/2}$能级间辐射的 549nm 绿色荧光强度 I_{549}。但当掺 Er 样品温度被升高时，低能级（$^4\mathrm{S}_{3/2}$）上的 Er 粒子借助于热激发，克服硅酸盐基质中 Er^{3+} 的 $\Delta E = 512\mathrm{cm}^{-1}$ 能带间隙，跃迁至高能级$^2\mathrm{H}_{11/2}$，使高能级粒子布局数密度 n_{H} 增加，而低能级粒子布局数密度 n_{S} 减少，即导致了 I_{534} 增强，而 I_{549} 减弱，如图 4.3 所示。

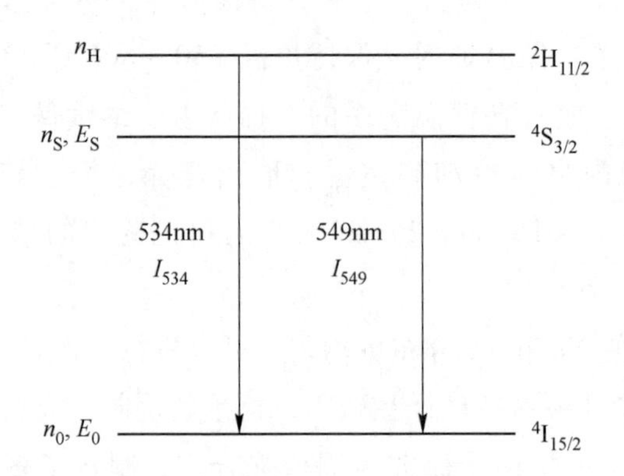

图 4.2　荧光强度比能级示意图

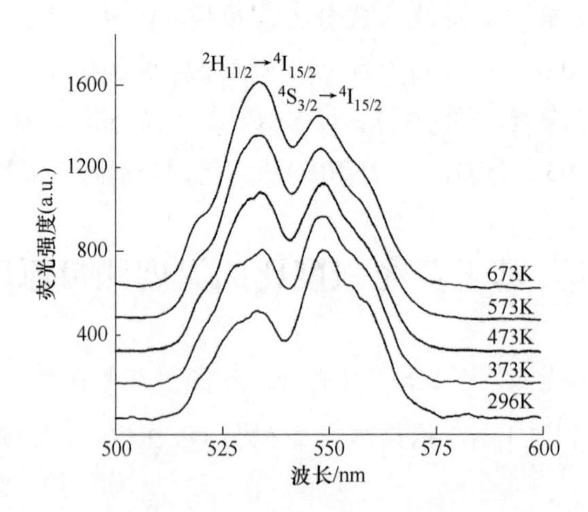

图 4.3　不同温度 I_{534}、I_{549} 变化

可以写出 I_{534}、I_{549} 之间的荧光强度比，为

$$R = \mathrm{FIR} \equiv \frac{I_{534}}{I_{549}} = \frac{f_{\mathrm{H}} \sigma_{\mathrm{H}} \omega_{\mathrm{H}}}{f_{\mathrm{S}} \sigma_{\mathrm{S}} \omega_{\mathrm{S}}} \exp\left(\frac{-\Delta E}{kT}\right) = C \exp\left(\frac{-\Delta E}{kT}\right) \tag{4.2}$$

式中，σ_i、ω_i（i = H，S）是相应能级上的发射截面和角频率；$C = f_{\mathrm{H}}\sigma_{\mathrm{H}}\omega_{\mathrm{H}}/f_{\mathrm{S}}\sigma_{\mathrm{S}}\omega_{\mathrm{S}}$。通过测量掺 Er、Yb：Er 共掺硅酸盐玻璃样品两条绿上转换光致发光谱的荧光强度比 R，则样品及其附近温度可计算得到

$$T = \frac{-\Delta E}{k}/\ln\frac{R}{C} = \frac{\alpha}{\ln\beta R} \tag{4.3}$$

式中，$\alpha = \frac{-\Delta E}{k}$、$\beta = \frac{1}{C}$均为常系数，与构成温度传感的掺 Er 玻璃样品的基质材料有关，也可以通过定标确定其数值。

按惯例，定义温度灵敏度 S 为

$$S = \frac{\mathrm{d}R}{\mathrm{d}T} = R\left(-\frac{-\Delta E}{kT^2}\right) = -\alpha R\frac{1}{T^2} \tag{4.4}$$

即反映单位温度变化需要的荧光强度比值变化。

4.3 掺 Er、Yb：Er 共掺硅酸盐玻璃的温度特性

4.3.1 测量光路

图 4.4 所示为掺 Er 样品温度特性测量系统，与图 2.6 相似。变化之处：将导体制冷器致冷的 ID441-C 型近红外探测器改换为光电倍增管（PMT，photomultiplier tube）；增加一个加热器，通过调节与 220V 交流电源相连的自耦变压器的电压，控制加热器的升温和恒温。将样品置放于加热器前端，其温度用精度为 ±1.5K 的热电偶监视。余者与第 2 章相关部分内容一致。

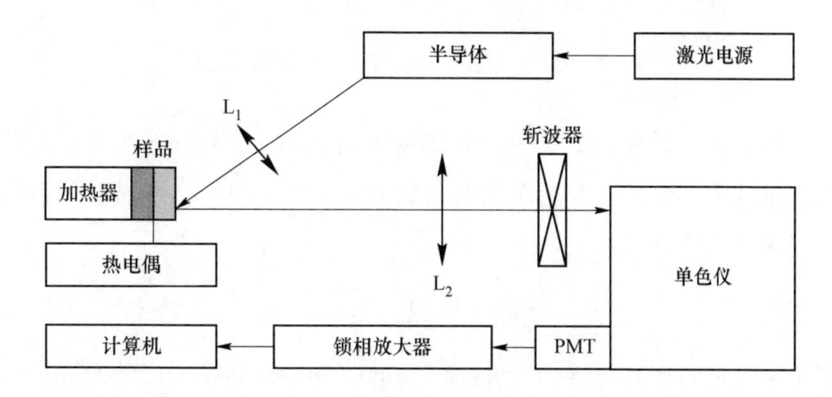

图 4.4 掺 Er 样品温度特性测量系统

4.3.2　掺 Er 硅酸盐玻璃的温度特性

图 4.5 是掺 Er 浓度为 0.8at.% 的硅酸盐玻璃中 Er^{3+} 两条绿上转换能级及跃迁示意图。在 980nm 半导体激光器抽运激发下，基态 $^4I_{15/2}$ 上的 Er^{3+} 经基态吸收（GSA）跃迁至 $^4I_{11/2}$ 能级（$^4I_{15/2}+\gamma\rightarrow{}^4I_{11/2}$）、再经激发态吸收（ESA）升至 $^4F_{7/2}$ 能级（$^4I_{11/2}+\gamma\rightarrow{}^4F_{7/2}$）；同时，$^4I_{11/2}$ 能级上的 Er 粒子对通过交叉弛豫跃迁到 $^4F_{7/2}$ 能级（$^4I_{11/2}+{}^4I_{11/2}\rightarrow{}^4I_{15/2}+{}^4F_{7/2}$）。由于 $^4F_{7/2}$ 能级寿命很短，布局于上的 Er 粒子迅速无辐射到 $^2H_{11/2}$ 能级。处于 $^2H_{11/2}$ 能级上 Er 粒子，一部分继续无辐射跃迁到 $^4S_{3/2}$，一部分回到基态 $^4I_{15/2}$，发射出 534nm 的绿光。而处于 $^4S_{3/2}$ 能级上 Er 粒子，同样一部分继续无辐射跃迁到 $^4F_{9/2}$，一部分回到基态 $^4I_{15/2}$，发射出 549nm 的绿光。掺 Er 硅酸盐玻璃样品温度的变化将引起两绿光光致发光强度 I_{534} 和 I_{549} 发生改变。

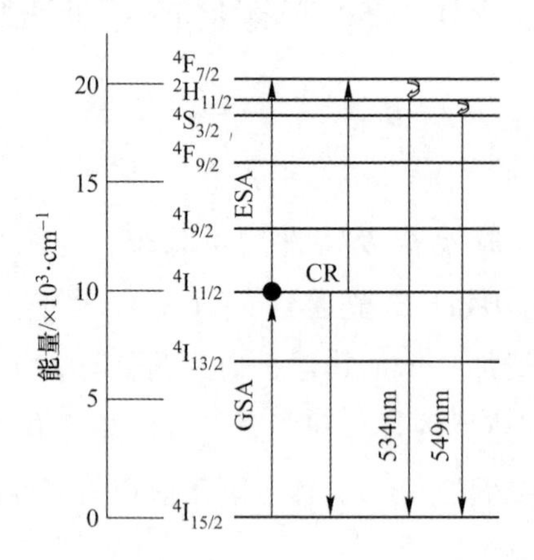

图 4.5　掺 Er 硅酸盐玻璃绿上转换能级示意图

图 4.6 是同一样品在 296～673K 温度区间 534nm、549nm 两条绿光致发光谱荧光强度比 $R=I_{534}/I_{549}$ 与绝对温度倒数 $1/T$ 的关系曲线，可以看到近似为线性，可以拟合为线性函数：

$$R=0.61-\frac{335}{T} \tag{4.5}$$

图 4.7 是相同样品 Er 粒子上转换 534nm、549nm 两条绿光致发光谱荧光强度比 $R=I_{534}/I_{549}$ 与绝对温度 T 的关系曲线，温度变化范围仍在 296～673K 区

间，可以拟合为指数函数

$$R = 1.87\exp\left(-\frac{335}{T}\right) \tag{4.6}$$

对比方程式（4.2）得到系数 $C = 1.87$，$\beta = \frac{1}{C} = 0.535$，$\alpha = -\frac{\Delta E}{k} = 335$。

则式（4.6）可转换为

$$T = \frac{335}{\ln(0.535R)} \tag{4.7}$$

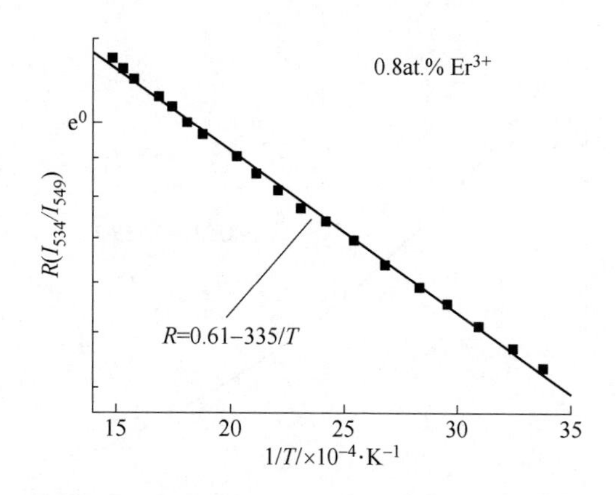

图 4.6　荧光强度比与绝对温度倒数的关系

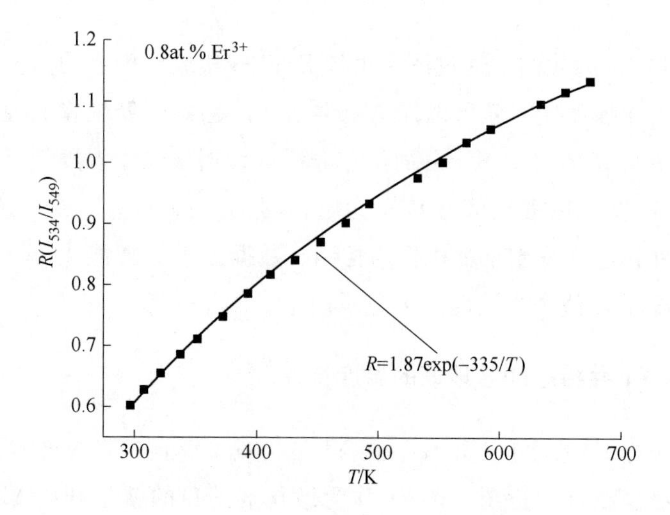

图 4.7　荧光强度比与绝对温度的关系

图 4.7 中，温度由 296K 增高到 673K 时，荧光强度比 FIR 由 0.60 增加到 1.14。图 4.8 为依据式（4.4）定义的灵敏度 S 与绝对温度 T 之间的关系。温度测量范围依然是 296～673K 区间。从图中可以看到，随着测量温度 T 升高，灵敏度 S 值减小，意味着高温测量时，较小的荧光强度比 R 变化即可反映出在低温测量时需较大 R 值变化所表示的温度差值。换句话说，被测温度越高，测量灵敏度越好，与目前通用的测量方法（如热电偶、光纤温度传感器等）恰好相反。

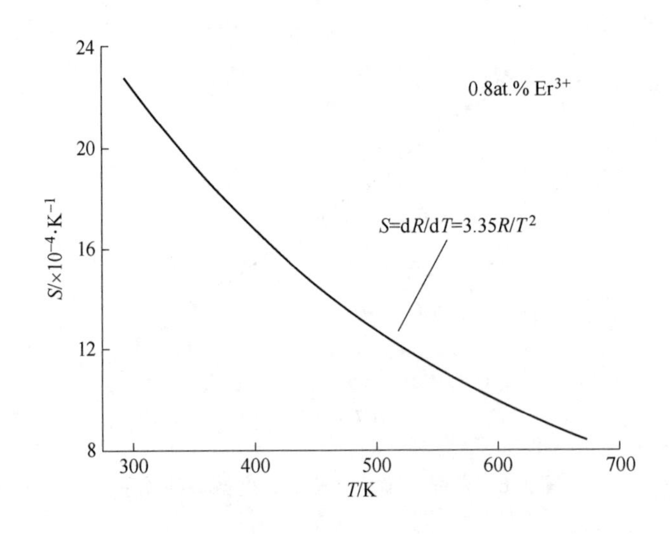

图 4.8　灵敏度与绝对温度的关系

式（4.7）告诉我们，通过测量由掺 Er 硅酸盐玻璃构成的温度传感器发射出的两绿光荧光强度比，就可以知道光学温度传感器所处位置的温度。虽然该式所表现的 T 与 R 的关系不十分简洁、非线性，但以光学温度传感器为核心的温度测量系统/仪，在将光信号转换为电信号后，除了模拟放大、A/D 转换、显示等单元外，通常采用单片机作为控制、数据处理等智能化单元，能够方便地将荧光强度比 R 值变为温度 T 值显示出来。

4.3.3　Yb：Er 共掺硅酸盐玻璃的温度特性

图 4.9 为掺 Er 浓度 0.5at.%、掺 Yb 浓度 6at.% 的硅酸盐玻璃中 Er^{3+} 两条绿上转换能级及跃迁示意图。选 Yb 作为敏化剂的目的就是利用 Yb^{3+} 对 980nm 抽运波长吸收截面大，通过 Yb：Er^{3+} 间能量共振转移，提高 Er^{3+} 的抽运效率和

光致发光强度，使荧光强度比 FIR 的测量精确。

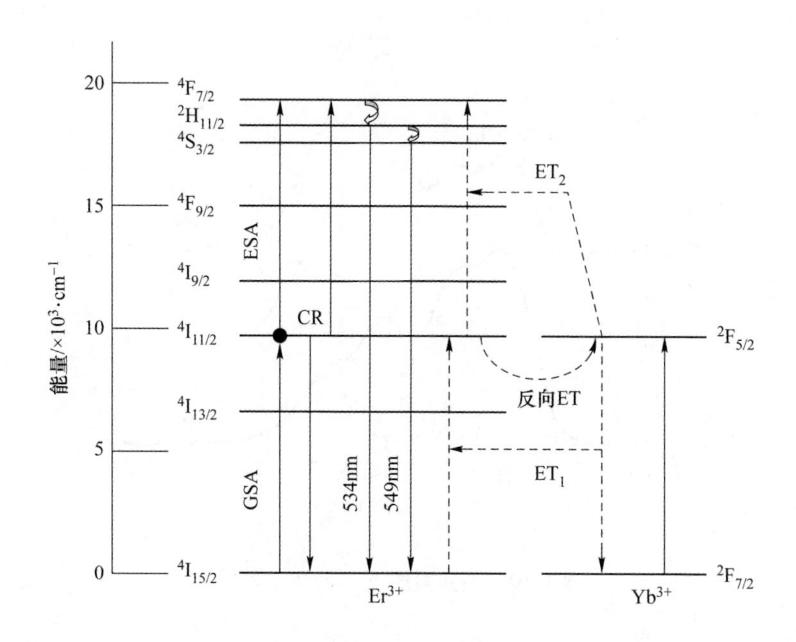

图 4.9 Yb：Er 共掺硅酸盐玻璃绿上转换能级示意图

同掺 Er 硅酸盐玻璃样品一样，$^2H_{11/2}$、$^4S_{3/2}$能级发射 534nm、549nm 的两条绿光，其相应能级的粒子数布居也主要由更高能级$^4F_{7/2}$的无辐射跃迁获得。

但在 980nm 半导体激光器抽运激发下，$^4F_{7/2}$能级上的粒子布居数获得比单掺 Er 硅酸盐玻璃多了一条途径。除了基态吸收（GSA）+ 激发态吸收（ESA）和交叉弛豫（CR）两个途径外，如图 4.9 中虚线所示，增加了 Yb：Er 能量传递 ET_1 将 Er^{3+} 激发到$^4I_{11/2}$、其上 Er 粒子又经 Yb：Er 能量传递 ET_2 激发到$^4F_{7/2}$。当然，掺杂浓度较高时，也出现由 Er 向 Yb 的反向能量传递（反向 ET）。

图 4.10 是 Yb：Er 共掺硅酸盐玻璃 I_{534}、I_{549}强度随温度的变化。正如预期的一样，低温时 $I_{549} > I_{534}$，高温时 $I_{549} < I_{534}$。

图 4.11 是 Yb：Er 共掺硅酸盐玻璃在 296 ~ 673K 温度区间 534nm、549nm 两条绿光致发光谱荧光强度比 $R = I_{534}/I_{549}$与绝对温度倒数 $1/T$ 的关系曲线，也可以拟合为线性函数，为

$$R = 1.29 - \frac{592.6}{T} \tag{4.8}$$

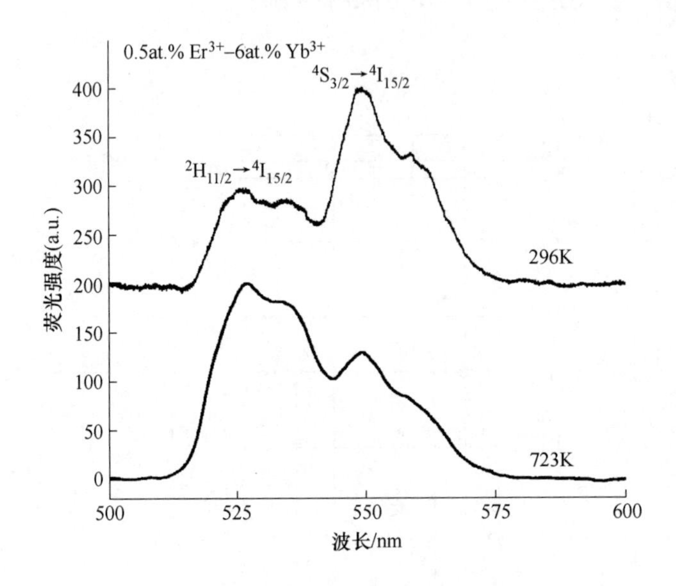

图 4.10 不同温度下 I_{534}、I_{549} 变化

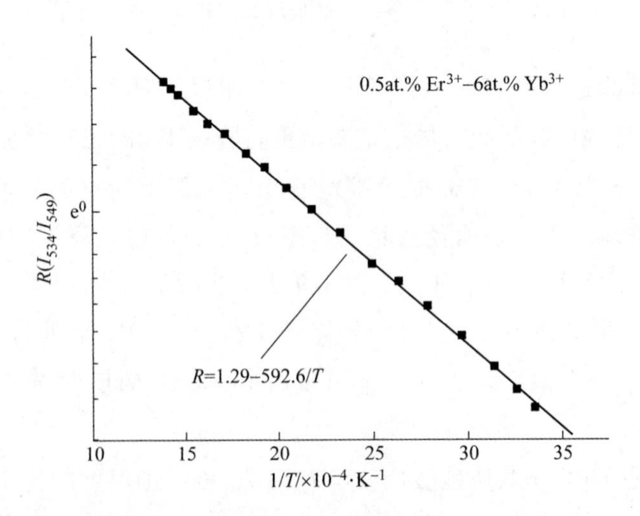

图 4.11 荧光强度比与绝对温度倒数的关系

图 4.12 是 Yb：Er 共掺硅酸盐玻璃 Er 粒子荧光强度比 $R = I_{534}/I_{549}$ 与绝对温度 T 的关系曲线，温度变化范围仍在 296～673K 区间，可以拟合为指数函数

$$R = 3.65\exp\left(-\frac{592.6}{T}\right) \tag{4.9}$$

对比方程式（4.2）得到系数 $C=3.65$，$\beta=\frac{1}{C}=0.274$，$\alpha=-\frac{\Delta E}{k}=592.6$。

则式（4.6）可转换为

$$T=\frac{592.6}{\ln(0.274R)} \tag{4.10}$$

Yb：Er 共掺硅酸盐玻璃灵敏度 S 与温度 T 的关系曲线如图 4.13 所示，与图 4.8 相似。只是温度在 296 ~ 673K 范围内，单掺 Er 的灵敏度 S 由 $0.0023\mathrm{K}^{-1}$ 变化为 $0.0008\mathrm{K}^{-1}$；Yb：Er 共掺硅酸盐玻璃则由 $0.0033\mathrm{K}^{-1}$ 变化为 $0.0018\mathrm{K}^{-1}$。两者都优于掺 Er 氟石玻璃 448K、$0.004\mathrm{K}^{-1}$ 和掺 Er 硫化物玻璃 523K、$0.0052\mathrm{K}^{-1}$。

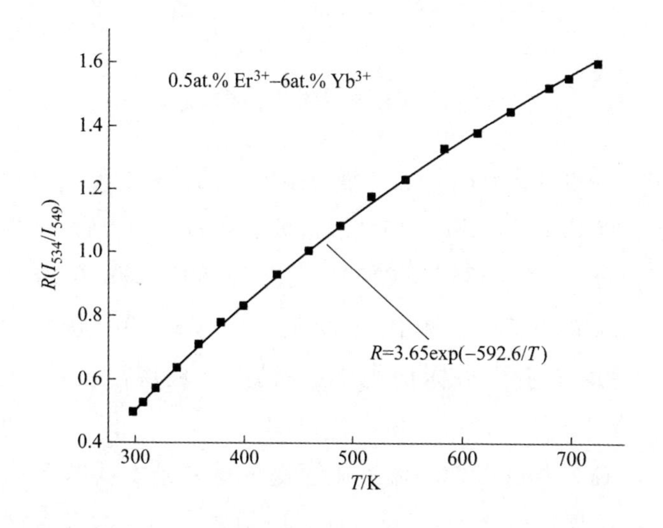

图 4.12　荧光强度比与绝对温度的关系

本章研究结果表明，掺 Er、Yb：Er 共掺硅酸盐玻璃完全可以作为高灵敏的温度传感器，在低于 673K 的环境下应用。但实际上，本实验的温度上限选在 673K，是由于加热器的缘故。在这个范围内，并没有改变玻璃样品外观、光学性能等，换句话说，如果加热器适宜，所测温度上限还可提高。

本章介绍了掺 Er、Yb：Er 共掺硅酸盐玻璃样品的制备工艺；分析了基于荧光强度比光学温度传感器的工作原理，讨论了相应能级粒子布居的主要途径是双光子作用的上转换过程；测量了掺 Er、Yb：Er 共掺硅酸盐玻璃样品在 298 ~ 673K 温度变化范围内，980nm 半导体激光器抽运时 Er^{3+} 上转换光致发光谱

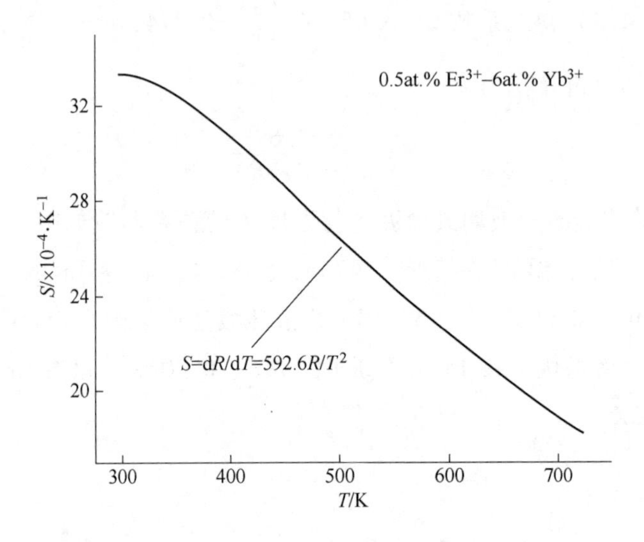

图 4.13　灵敏度与绝对温度的关系

534nm 和 549nm 强度比 $R=I_{534}/I_{549}$ 与绝对温度 T 的关系。

结果表明：掺 Er、Yb：Er 共掺硅酸盐玻璃样品（1）所反映温度与荧光强度比分别可以拟合为：$T=335/\ln(0.535R)$ 和 $T=592.6/\ln(0.274R)$；（2）灵敏度随温度升高单调变化，范围分别是：$0.0023 \sim 0.0008K^{-1}$ 和 $0.0033 \sim 0.0018K^{-1}$。上述两个主要指标均优于已有掺 Er 玻璃温度传感器温度文献报道。

探索适于掺 Er、并可以使测温上限更高的材料是本课题下一步研究的重点，初步的实验结果已经表明掺 Er、Yb：Er 共掺 Al_2O_3 纳米粉材料的温度测量上限可以达到 1300K。利用所研究的光学温敏材料开发高灵敏度、高温传感器和温度测量系统也是一个亟待进行的研究。

5 掺 Er 材料未来的发展

5.1 Er^{3+}在 Al_2O_3 基质中的微观动力学研究

由于 Al_2O_3 有着优秀的光学特性（折射率高、光损耗小等）和材料性能（耐腐蚀、耐高温等），是可以优先选择的掺 Er 基质材料。

不同基质材料的微观结构对 Er^{3+} 的发光特性影响已有所论述，如：Steplkhova、Seo 等人在 Applied Physics Letters 分别分析了薄膜错位、膜损伤、热应力对 Er 光致发光特性的影响[88]，和掺 Er 富硅氧化硅中激发态 Er^{3+} 的耦合及其动力学特性[27]；Park 等人在相同刊物上用有机配位子理论证明了薄膜存在着间接激发，导致半值宽度增大的光致发光光谱[8]；半导体所雷红兵、陈维德等人分别在半导体学报提出了掺 Er 硅光致发光激子传递能量模型，建立了发光动力学速率方程[38]，研究了掺 Er a-Si：H,O 薄膜微结构对光致发光强度的影响[89]；上海光机所毛艳丽等人在发光学报计算了 Yb^{3+} 离子和 Er^{3+} 离子间的能量传递效率和系数，测量低温下 Yb^{3+} 离子在硅酸盐玻璃中的吸收光谱，确定了 Yb^{3+} 离子在硅酸盐玻璃中的能级结构[90]；柳祝平等人在物理学报用 Judd-Ofelt 理论计算了强度参数 Ω_t（$t=2,4,6$）下，Er^{3+} 的 $^4I_{13/2}\rightarrow{}^4I_{15/2}$ 能级跃迁强度、自发辐射概率等参数，用 McCumber 理论计算了 Er^{3+} 的受激发射截面[91]，等等。

但是，Er^{3+}、Yb^{3+} 离子的植入对 Al_2O_3 晶体结构产生的畸变，以及它们在 Al_2O_3 晶体中的微观动力学行为的研究鲜有文献报道。分析 Yb：Er 共掺 Al_2O_3 微观晶体结构（不同相、缺陷等）对 Er^{3+} 发光特性、Yb：Er 间能量转化效率的影响，并构建 Yb^{3+}：Er^{3+} 间能量传递的微观理论模型、解析 Yb：Er 相互间能量传递系数的变化规律，特别是与掺杂浓度的函数关系，对宏观掺 Er 氧化铝材料的研究与应用有着重要的意义[92-100]。

一种分析 Er、Yb 离子在 Al_2O_3 晶体中的微观动力学行为的主要理论如下。

（1）列出 Al_2O_3 晶格场和外电场作用下，Er^{3+} 的哈密顿量（主要由下列四项组成）

$$\hat{H} = \hat{H}_a + \hat{H}_b + \hat{H}_c + \hat{H}_d \tag{5.1}$$

式中，$\hat{H}_a$ 表示一个原子（自由离子）的哈密顿量，除与非球形对称的晶格场相联系的量外，它包括所有的相互作用；$\hat{H}_b$ 表示非球形对称单电子晶格相互作用量，其偶宇称部分同 Er^{3+} 4f 电子构成相联系；$\hat{H}_c$ 包含了相互联系的两电子晶格场相互作用；$\hat{H}_d$ 为外电场作用能。

每一项又由若干子项组成，如 $\hat{H}_a$ 涉及 1）自由离子和晶体场微扰的球形对称部分，显示了基态能量和重心之间能量的不同；2）电子之间的库仑排斥作用；3）电子自旋磁矩与电子轨道磁矩的自旋轨道耦合；4）两体相互作用；5）三体相互作用；6）自旋之间和自旋与其他轨道之间的相互作用；7）两体磁相互作用，等等。

（2）借助掠角 X 射线衍射仪、Rutherford 背散射能谱仪、Auger 电子能谱仪和电子探针等仪器对 Al_2O_3 基质中单掺 Er、单掺 Yb 薄膜的晶体结构和能谱的测量，结合低温测量的 Er^{3+}、Yb^{3+} 离子 Stark 分裂光谱，修正 Er^{3+}、Yb^{3+} 离子在 Al_2O_3 晶格场和外电场（光场）作用下的哈密顿量，构建薛定谔方程。

（3）计算出 Er^{3+}、Yb^{3+} 离子的植入对 Al_2O_3 晶体结构产生的畸变。

（4）用点群理论对不同晶体结构进行哈密顿量约化，用最小二乘法确定每一项的系数，得到矩阵形式哈密顿量；构建对应的薛定谔方程，并将哈密顿量对角化，数值计算解出本征值，即为 Er^{3+} 的能级状态。同理可获得 Yb^{3+} 离子在 Al_2O_3 晶格场和外电场作用下的能级状态。

（5）同样在 Al_2O_3 晶格场和外电场作用下，半定量分析声子、激子在 Yb^{3+}：Er^{3+} 间能量转递中的作用，建立相应的薛定谔方程。讨论在 Yb 敏化作用下，Er^{3+} 的能级状态和光致发光谱；分析掺杂浓度、晶体结构和缺陷对 Yb^{3+}：Er^{3+} 间正向、反向能量传递系数影响[101-107]。

5.2　非均匀掺杂及激光退火工艺探索

为改善掺 Er、Yb：Er 共掺有源光波导放大器、激光器的抽运效率，宋琦等人[108-109]对连续的非均匀掺杂理论进行了系统的研究。在有限元的基础上建立了纵向非均匀掺 Er 光波导的数值模型，利用自适应方法求解了两种不同浓度分布方案下的 EDWA 和 YEDWA 增益值。当掺杂沿光传输方向近似连续递减时，如图 5.1 所示，抽运效率最高。四段的阶跃掺杂浓度分布，如图 5.2 所示。数值模拟结果表明阶跃掺杂的净增益（见图 5.3(a)）和信号光输出功率（见图 5.3(b)）比优化后的均匀掺杂光波导放大器分别提高了 9.2% 和 90.5%，长度却缩短了 16.9%，如图 5.3 所示。这更有利于放大器器件的集成化。

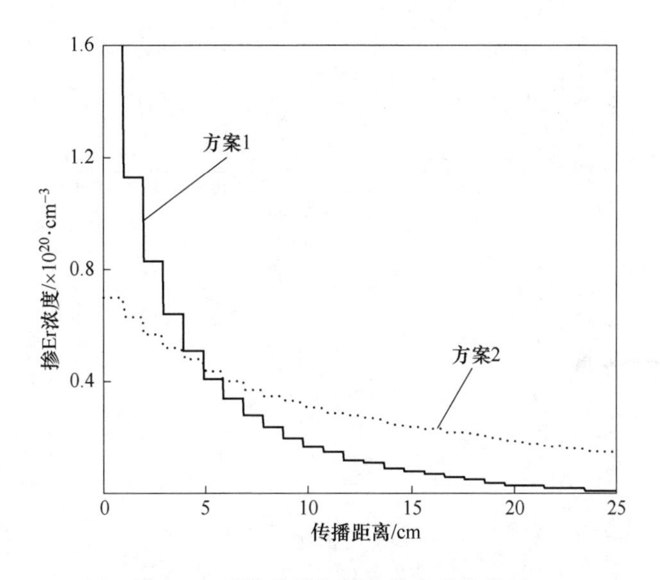

图 5.1 连续非均匀掺杂浓度分布曲线

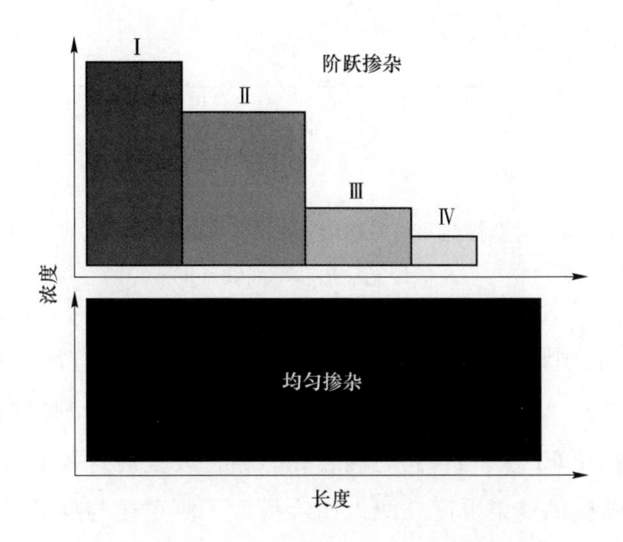

图 5.2 均匀掺杂/阶跃掺杂示意图

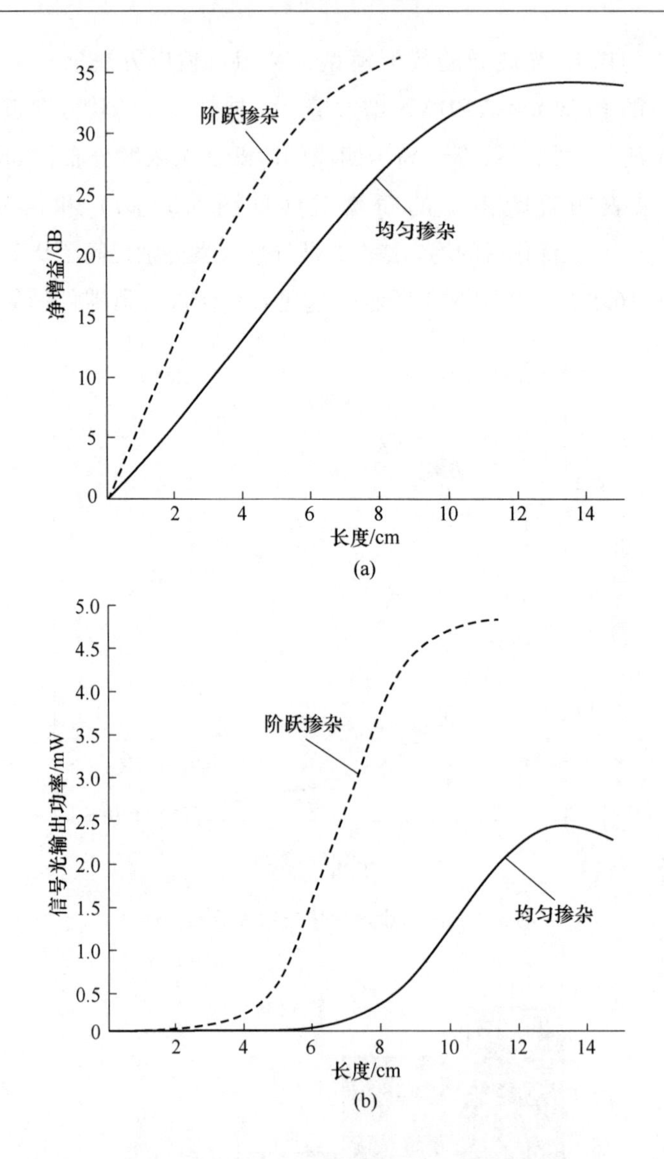

图 5.3　阶跃掺杂和均匀掺杂光波导放大器净增益曲线（a）及信号光输出功率曲线（b）

李建勇[110]将中频溅射系统中的“孪生靶”改为非对称溅射靶制备了非均匀掺杂的 Yb：Er：Al_2O_3 薄膜。非对称溅射靶意思为：一个是纯铝靶；另一个是纯铝板上镶嵌了 Er 柱、Yb 柱的混合靶。通过改变混合靶上 Er、Yb 柱的数目，可以调节薄膜的掺杂浓度。两人初步摸索了溅射靶与样品架之间的距离、混合靶上 Er/Yb 柱数目等参数对薄膜的材料性能和光致发光特性的影响，制备出掺杂浓度沿光传输方向近似线性变化的 Yb : Er : Al_2O_3 薄膜，如图 5.4 所示。

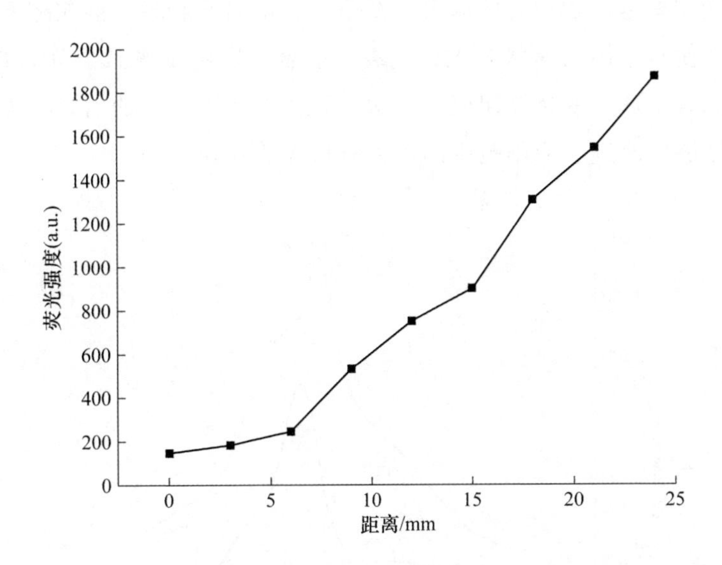

图 5.4 非均匀掺杂薄膜不同位置的光致发光强度

目前，对掺 Er、Yb : Er 共掺 Al_2O_3 薄膜多采用热退火处理。长时间高温加热在薄膜与衬底间产生离子交换，导致基质 Al_2O_3 晶格失配、出现缺陷，也使空气中的杂质渗入到薄膜中，影响光致发光特性。而用激光退火技术则能够快速升温和冷却，克服了上面的不足。特别是，激光退火能方便地调解激光束流的照射时间和辐射空间，可以控制定点区域 Er^{3+} 的激活程度，弥补沉积工艺不稳定可能产生的浓度分布不理想情况[111-125]。Gappelli 等人 1999 年在 Applied Physics 报道了激光退火在半导体加工中对材料原位和定域处理的研究[126]；于威 2004 年在物理学报分析了激光对碳化硅薄膜退火的晶化特征[127]。课题组曾对同炉制备的 Yb : Er 共掺 Al_2O_3 薄膜样品分别进行 950℃、2h 热退火和 32s 的 CO_2 激光退火处理，两者光致发光特性有着明显的差异，如图 5.5（热退火光致发光强度已乘上 10 倍）所示。激光退火样品光致发光的峰值强度不仅是后者的 15.8 倍，而且半值宽度也增加 2.47 倍，这对同时放大多路信号有很大好处。对热退火和不同时间激光退火的样品进行了 Raman 光谱测量，如图 5.6 所示。900℃热退火的 Yb : Er 共掺 Al_2O_3 薄膜仅在 $520cm^{-1}$处有一个属于单晶硅基底的峰，而 10 ~ 1000ms 的激光退火，$151cm^{-1}$和 $480cm^{-1}$，a-Si，$950cm^{-1}$， c-Si，以及 300cm^{-1}，p-Si 等谱就已经依次出现并增强，说明 Al_2O_3 与硅之间的液相传递导致形成一个 Al_2O_3：SiO_2 的共晶层。即在一定的激光能量密度下，当局部激光功率迅速增加到使退火温度超过氧化铝熔点时，液相相变逐渐取代固相相变而使氧化铝结晶状态大大提高，显著地影响了光致发光特性[128]。这种差异的微观机理、变化规律尚不清楚。对其进行更深入的研究，无疑对发光功能薄膜性能的改进、应用范围的扩大有很大的好处。

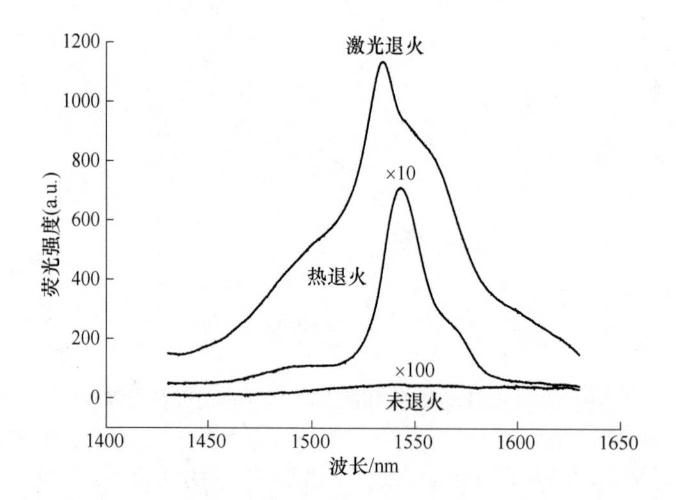

图 5.5　Yb：Er：Al_2O_3 薄膜不同退火方式发光谱

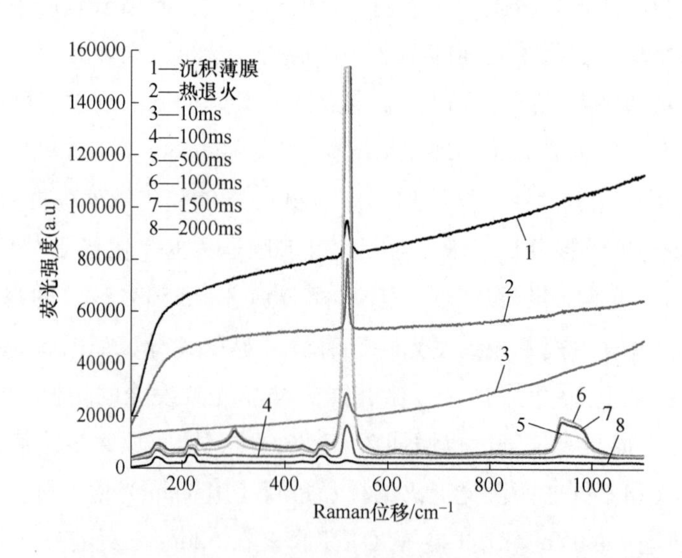

图 5.6　不同退火时间的 Raman 谱

总之，探索非均匀掺杂的发光功能薄膜的制备技术、进行工艺参数优化、微观结构分析等方面的研究，能显著提高光波导放大器的净增益和激光器的输出功率。对其他功能薄膜的非均匀掺杂研究，也越来越受到关注[129-142]。如岑继文等人[143]利用溶胶－凝胶法制备了 La^{3+} 非均匀掺杂的 TiO_2 薄膜，研究了非均匀掺杂对光催化性能的影响；刘晓珍等人[144]利用场激活方法合成掺杂浓度不同的两层非均匀梯度 β 相 $FeSi_2$，用波谱分析了掺杂在两层界面处的分布，并测量了 Mn 掺杂和 Co 掺杂的两层非均匀掺杂梯度材料的 Seebeck 系数和电导率，计算了功率因子与相应的均匀材料相比。结果发现，两种非均匀梯度材料对热电性能与温度的分布都具有调节作用，通过对掺杂浓度的优化调节非均匀梯度材料的热电性能是可行的。

5.3 电 致 发 光

目前，对于掺 Er 发光功能材料（包括薄膜、纳米粉、体材料）的激发形式主要是以物质吸收一定光能来产生发光的现象（光致发光：PL，photoluminescence）为主[145-156]。然而，对于掺 Er 发光功能材料采用电致发光（EL，electroluminescence）的研究日益受到普遍关注[157-169]。电致发光通过电场来实现，即电能直接转换成光的物理过程，节省了光致发光中起抽运作用的光源，是一种简单、经济的激发形式[170-179]。

在 20 世纪 50 年代末，以 ZnS：Cu 为主的粉末电致发光就已达到接近实际应用水平。它具有稳定的发光，是一种平面光源。时至今日，在塑料衬底的粉末电致发光器件已批量生产，作为指示照明、液晶器件的背照明平面光源展示了又薄又轻、耐冲击和长寿命的优点。但是，粉末型器件中有机介质的存在，必然会影响发光亮度、效率和寿命；粉末的颗粒较大，也导致光产生散射使发光点的分辨率受到限制。随着化学沉积和真空蒸发技术的发展，将电致发光材料制成薄膜型器件成为现实[180-191]。在薄膜型电致发光器件中，不需要有机介质，发光层致密，既提高了发光的亮度和寿命，也改善了分辨率[192-199]。所以人们对薄膜型电致发光寄予厚望，把它作为平板显示器件的重要候选材料之一[200-211]。

电致发光分为有机电致发光和无机电致发光。有机电致发光器件具有无可比拟的优点[212-220]：（1）有机材料的选择范围广，可以实现从蓝光到红光的任何颜色的显示；（2）驱动电压低；（3）发光亮度、发光效率高；（4）全固化的主动发光；（5）视角宽，响应速度快；（6）制备简单，费用低；（7）超薄膜，重量轻；（8）可以弯曲折叠，制作在柔软的衬底上。目前，对有机电致发光的基础研究集中于提高器件的效率和寿命等性能以及寻找新的材料[221-228]。由于稀土材料是窄带发射发光，稀土配合物发光内量子效率可以达到100%，所以对稀土材料的电致发光的研究是有机电致发光材料的研究方向之一[229-239]。

然而，对掺 Er 薄膜材料的电致发光研究则起步较晚。洪自若等人[98]研究了 Er^{3+} 配合物在近红外区段的电致发光特性。采用双层电致发光器件获得了 Er^{3+} 位于 1530nm 的光发射，并通过改进后的三层结构器件使 Er^{3+} 的红外发射明显提高，首次获得了 Er 在 977nm 和 1530nm 的发射。总结不同电流密度下的系列发射光谱变化规律，发现随电流密度增大，虽然光谱强度的增长呈近似线形，但相对效率却在急剧下降。陈谋智等人[100]报道了用分舟热蒸发法研制的掺 Er 硫化锌薄膜器件的电致近红外发光特性，用 X 射线衍射技术对薄膜的微观结构进行了研究，指出了掺 Er 薄膜发光与薄膜微结构的关系。认为薄膜某些晶向上的晶粒尺寸与薄膜的电致发光强度关系密切，在这些晶向上，稀土较容易形成发光中心，薄膜生长过程中有意识地控制这些晶向的生长，对发光有利。总之，目前对电致发光的研究数不胜数[240-251]。

对稀土有机配合物电致发光材料器件的进一步的研究，包括：（1）开发性能良好的材料；（2）提高甩膜成膜技术重复性；（3）延长器件的寿命；（4）提高器件的稳定性；（5）解决器件的发光率低的问题。

由于电致发光具有发光柔和、光谱广泛、能耗低、低热发光等特点，所以对电致发光的研究有着更广阔的研究空间，其优点有待进一步挖掘[251-265]。

参考文献

[1] Laming R L, Zervas M N. Erbium doped fiber amplifier with 54dB gain and 3. 1dB noise figure [J]. IEEE Photo. Techno. Lett., 1992, 4: 1345-1347.

[2] Hoven G N, Koper R J I M, Polman A. Net optical gain at 1. 53μm in Er-doped Al_2O_3 waveguides on silicon [J]. Appl. Phys. Lett., 1996, 68(14): 1886-1888.

[3] Kik P G, Polman A. Erbium doped optical-waveguide amplifiers in silicon [J]. Mater. Res. Soc. Bull., 1998, 23: 48.

[4] Kenyon A J. Recent developments in rare-earth doped materials for optoelectronics [J]. Progress in Quantum Electronics, 2002, 26: 225-284.

[5] Slooff L H, Blaaderen A V, Polman A, et al. Rare-earth doped polymers for planar optical amplifiers [J]. J Appl Phys., 2002, 91(7): 3955-3980.

[6] 李淑凤，宋昌烈，巢明．不同波长抽运的掺 $ErAl_2O_3$ 光波导的荧光特性 [J]．光电子·激光，2001，12(1)：14-18.

[7] 李海清，李进延，蒋作文，等．Er^{3+} 与其它稀土离子共掺杂特性研究 [J]．光学与光电技术，2004，2(2)：32-36.

[8] Park O H, Seo S Y, Bae B S, et al. Indirect excitation of Er^{3+} in sol-gel hybrid films doped with an erbium complex [J]. Appl. Phys. Lett., 2003, 82(17): 2787-2789.

[9] Polman A. Erbium implanted thin film photonic materials [J]. J. Appl. Phys., 1997, 82(1): 1-39.

[10] Miniscalco W J. Erbium-doped glasses for fiber amplifiers at 1500nm [J]. J. Lightwave Technol, 1991, 9(2): 234-250.

[11] De Sousa D F, Zonetti L F C, Bell M J V, et al. Er^{3+} : Yb^{3+} co-doped lead fluoroin-dogallate glasses for mid infrared and upconversion applications [J]. J. Appl. Phys., 1999, 85(5): 2502-2507.

[12] 张德宝，戴能利，祁长鸿，等．掺 Er 铝硅酸盐玻璃光谱和上转换荧光性质研究 [J]．光学学报，2003，23(4)：505-508.

[13] Bonar J R, Vermelho M V D, Marques P V S, et al. Fluorescence lifetime measurements of aerosol doped erbium in phosphosilicate planar waveguides [J]. Optics Communications, 1998, 149: 27-32.

[14] Hwang B C, Jiang S, Luo T, et al. Characterization of cooperative upconversion and energy transfer of Er and Yb/Er doped phosphate glasses [J]. Proc SPIE, 1999, 3622: 10-18.

[15] 杨建虎，戴世勋，李顺光，等．掺 Er 碲酸盐玻璃的光谱性质和能量传递 [J]．发光学

报，2002，23(5)：485-489.

[16] 杨建虎，戴世勋，温磊，等. 掺 Er 铋酸盐玻璃的光谱性质和热稳定性研究 [J]. 物理学报，2003，52(2)：508-514.

[17] Zanatta A R. Photoluminescence quenching in Er-doped compounds [J]. Appl. Phys. Lett., 2003, 82(9): 1395-1397.

[18] Koester C J, Snitzer E. Amplification in a fiber laser [J]. Appl. Opt., 1964, 3(9): 182-186.

[19] Ennen H, Schneider J, Pomrenke G, et al. 1.54μm luminescence of erbium-implanted III-V semiconductors and silicon [J]. Appl. Phys. Lett., 1983, 43(10): 943-945.

[20] Benton J L, Michel J, Kimerling L C, et al. The electrical and defect properties of erbium-implanted silicon [J]. J. Appl. Phys, 1991, 70(5): 2667-2671.

[21] Efeogu H, Evans J H, Jackman T E, et al. Recombination processes in erbium-doped MBE silicon [J]. Semicond. Sci. Technol., 1993, 8: 236-242.

[22] Hoven G N, Shin J H, Polman A, et al. Erbium in oxygen-doped silicon: Optical excitation [J]. J. Appl. Phys, 1995, 78(4): 2642-2650.

[23] Yan Y C, Faber A J, de Waal H, et al. Erbium-doped phosphate glass waveguide on silicon with 4.1dB/cm gain at 1.535μm [J]. Appl. Phys. Lett., 1997, 71(20): 2922-2924.

[24] Shooshtrai A, Touam T, Najafi S I, et al. Yb^{3+} sensitized Er^{3+}-doped waveguide amplifiers: a theoretical approach [J]. Optical and Quantum Electronics, 1998, 30: 249-264.

[25] Lanzerstorfer S, Pedarnig J D, Gunasekarran R A, et al. 1.5μm emission of pulsed-laser deposited Er-doped films on Si [J]. J. Luminescence, 1999, 80: 353-356.

[26] Kozanecki A, Sealy B J, Homewood K P. Excitation of Er^{3+} emission in Er, Yb codoped thin silica films [J]. J. Alloys and Compounds, 2000, 300/301: 61-64.

[27] Seo S T, Shin J H. Exciton-erbium coupling and the excitation dynamics of Er^{3+} in erbium-doped silicon-rich silicon oxide [J]. Appl. Phys. Lett., 2001, 78(18): 2709-2711.

[28] Strohhöfer C, A. Polman. Silver as a sensitizer for erbium [J]. Appl. Phys. Lett., 2002, 81(8): 1414.

[29] Strohhöfer C, Polman A. Absorption and emission spectroscopy in Er^{3+}-Yb^{3+} doped aluminum oxide waveguides [J]. Optical Material, 2003, 21: 705-710.

[30] de Camargo A S S, Botero E R, Andreeta E R M, et al. 2.8 and 1.55μm emission from diode-pumped Er^{3+}-doped and Yb^{3+} co-doped lead lanthanum zirconate titanate transparent ferroelectric ceramic [J]. Appl. Phys. Lett., 2005, 86: 241112.

[31] Weber R, Hampton S, Nordine P C, et al. Er^{3+} fluorescence in rear-earth aluminate glass [J]. Appl. Phys. Lett., 2005, 98: 043521.

[32] Barbosa A J, Filho F A D, Messaddeq Y, et al. 1.5μm Emission and infrared-to-visible frequency upconversion in Er^{3+}/Yb^{3+}-doped phosphoniobate glasses [J]. J. Non-Crystaline Solids, 2006, 352: 3636.

[33] Michael J C. Wideband steady-state numerical model of a tensile-strained bulk semiconductor optical amplifier [J]. Optical and Quantum Electronics, 38(12/13/14): 1061-1068.

[34] Singh A K, Rai S B, Rai D K, et al. Upconversion and thermometric applications of Er^{3+}-doped Li : TeO_2 glass [J]. Appl. Phys. B, 2006, 2: 289-294.

[35] Tripathi G, Rai V K, Rai D K, et al. Upconversion in Er^{3+}-doped Bi_2O_3-Li_2O-BaO-PbO tertiary glass [J]. Sepctrochimiva Acta Part A, 2007, 5: 1307-1311.

[36] Kumar K, Rai S B, Rai D K. Enhancement of luminescence properties in Er^{3+} doped TeO_2-Na_2O-PbX (X = O and F) ternary glasses [J]. Spectrchimical Acta Part A, 2007, 66: 1052.

[37] 谢大韬, 吴瑾光, 徐端夫, 等. 掺 Er 凝胶玻璃中 Er^{3+} 发光性质的研究 [J]. 光谱学与光谱分析, 1998, 18(2): 177-181.

[38] 雷红兵, 杨沁清, 朱家廉, 等. 掺 Er 富硅氧化硅薄膜的光致发光 [J]. 半导体学报, 1999, 20(1): 67-71.

[39] 陈海燕, 刘永智, 官周国, 等. 掺 Er 光波导的速率方程分析 [J]. 光学学报, 2002, 22(2): 174-177.

[40] 戴能利, 杨建虎, 戴世勋, 等. Yb^{3+} 掺杂浓度对 Er^{3+}/Yb^{3+} 共掺 SiO_2-Al_2O_3-La_2O_3 玻璃光谱性的影响 [J]. 光学学报, 2003, 23(7): 892-895.

[41] 张德宝, 戴能利, 祁长鸿, 等. 掺铒铝硅酸盐玻璃光谱和上转换荧光性质研究 [J]. 光学学报, 2003, 23(4): 505-510.

[42] 陈海燕, 刘永智, 戴基智, 等. Er^{3+}-Yb^{3+} 共掺磷酸盐玻璃(LGS-L)波导放大器设计 [J]. 光学学报, 2003, 23(6): 697-701.

[43] 李成仁, 宋昌烈, 李淑凤, 等. 溶胶-凝胶(sol-gol)法制作掺 $ErAl_2O_3$ 薄膜及其光致发光光谱特性测量 [J]. 光子学报, 2003, 32(12): 1514-1517.

[44] 李成仁, 宋昌烈, 李淑凤, 等. 脊形掺 $ErAl_2O_3$ 光波导放大器级联特性的模拟计算 [J]. 光子学报, 2005, 34(6), 839-843.

[45] 苏方宁, 邓再德, 姜中宏. 上转换亚碲酸盐光纤激光器研究进展 [J]. 功能材料, 2005, 5: 655-657.

[46] Chen H Y. Simulation of IR waveguide amplifiers using FDTD based overlapping integral-RK method [J]. International journal of infrared and Millimeter Waves, 2005, 26(4): 555-562.

[47] 禹忠, 韦玮, 侯洵. 掺 Er 聚合物光波导放大器的数值分析 [J]. 光电与光电技术,

2005, 3(5): 12-15.

[48] 宋琦, 宋昌烈, 李成仁, 等. 纵向非均匀掺 Er 的光波导放大器特性数值模拟研究 [J]. 物理学报, 2005, 54(4): 1624-1629.

[49] 赵纯, 张勤远, 杨中民, 等. GeO_2 含量对掺 Er 锗碲酸盐玻璃物性和光谱特性的影响 [J]. 物理学报, 2006, 55(6): 3106-3111.

[50] 李成仁, 李淑风, 宋琦, 等. Yb : Er 共掺 Al_2O_3 光波导放大器的净增益特性 [J]. 光子学报, 2006, 35(5): 650-654.

[51] 李成仁, 宋昌烈, 李淑风, 等. 阶跃掺杂 Er : Al_2O_3 光波导放大器增益特性数值模拟 [J]. 光子学报, 2006, 35(2): 192-196.

[52] 周松强, 李成仁, 刘中凡, 等. Er^{3+}/Yb^{3+} 共掺硅酸盐玻璃样品的多波段光谱特性 [J]. 光子学报, 2008, 37(4): 813-817.

[53] Yeatman E M, Ahmad M M, McCarthy O, et al. Optical gain in Er-doped SiO_2-TiO_2 waveguide fabricated by sol-gel technique [J]. Optics Communications, 1999, 164: 19-25.

[54] 谢大韬, 吴瑾光, 徐端夫, 等. 掺 Er 凝胶玻璃中 Er^{3+} 发光性质的研究 [J]. 光谱学与光谱分析, 1998, 18(2): 177-181.

[55] 谢伦军, 陈光德, 竹有章, 等. 激光分子束外延方法生长的 ZnO 薄膜的发光特性 [J]. 发光学报, 2006, 27(2): 215-250.

[56] 田招兵, 张永刚, 李爱真, 等. 气态源分子束外延 8 元 In(0.53)Ga(0.47)As/InP 光伏探测器阵列 [J]. 半导体光电, 2006, 27(5): 519-521.

[57] 赵俊, 杨玉林, 李艳辉, 等. 分子束外延系统束流系综理论分析 [J]. 红外技术, 2006, 28(8): 466-469.

[58] 梁金花, 任小乾, 王军, 等. 化学液相沉积法改性 ZSM-5 沸石上的甲苯择形歧化反应 I 沉积条件的影响 [J]. 南京工业大学学报(自然科学版), 2004, 26(6): 15-20.

[59] 于萍, 陈善华. 液相沉积法的应用及发展 [J]. 广东微量元素科学, 2006, 13(3): 12-16.

[60] 谢风宽, 陈晓磊, 庄书娟, 等. 液相沉积法表面包覆改性纳米陶瓷微粒及机理研究进展 [J]. 材料导报, 2006, 20(S1): 153-158.

[61] Hoven G N, Snoeks E, Polman A, et al. Upconversion in Er-implanted Al_2O_3 waveguides [J]. J. Appl. Phys., 1996, 79(3): 1258-1265.

[62] 雷红兵. 离子注入掺 Er 硅发光中心的光致发光研究 [J]. 半导体学报, 1999, 20(1): 67-70.

[63] 雷红兵, 杨沁清, 王启明, 等. 离子注入掺 Er 硅发光中心的光致发光研究 [J]. 半导体学报, 1998, 9(5): 332-336.

[64] Serna R, Afonso C N. In situ growth of optically active erbium doped Al_2O_3 thin films by pulsed laser deposition [J]. Appl. Phys. Lett., 1996, 69(11): 1541-1543.

[65] Serna R, M Jliménez de Castro, Chaos J A, et al. Photoluminescence performance of pulsed-laser deposited Al_2O_3 thin films with large erbium concentrations [J]. J. Appl. Phys. Lett., 2001, 90: 5120-5125.

[66] Cerqueira M F, Stepikhova M V, Ferreira J A. Photoluminescence of erbium doped microcrystalline silicon thin films produced by reactive magnetron sputtering [J]. Materials Science and Engineering, 2001, B81: 32-35.

[67] Chiasera A, Montagna M, Toselloa C, et al. Fabrication by rf-sputtering processing of Er^{3+}/Yb^{3+}-codoped silicatitania planar waveguides [J]. Proc SPIE, 2003, 4944.

[68] 邓文渊，张家骅，马少杰，等. A-SiNxOy: Er^{3+} 薄膜的光致发光 [J]. 半导体学报. 2003, 24 (4): 382-386.

[69] Hou Y Q, Zhuang D M, Zhang G, et al. Growth and properties of titanium oxide film by medium frequency alternative reactivem magnetron sputtering [J]. 真空科学与技术, 2001, 11(6): 457-460.

[70] 李金华，袁宁一，陈汗松. 离子束增强沉积氧化钒薄膜的温度系数 [J]. 哈尔滨理工大学学报, 2003, 8(5): 1-2.

[71] 杨南如. 溶胶－凝胶法基本原理与过程 [J]. 硅酸盐通报, 1993, 12(2): 56-63.

[72] Bahtat A, Bouazaoui M, Bahtat M, et al. Fluorescence of Er^{3+} ions in TiO_2 planar waveguide prepared by a sol-gel process [J]. Opt. Commun., 1994, 111: 55.

[73] 饶文雄. 掺 Er 光波导理论计算及样品荧光谱的检测 [D]. 辽宁: 大连理工大学, 2003.

[74] 高菘. 掺 Er 光波导薄膜的制备与特性分析 [D]. 辽宁: 大连理工大学, 2002.

[75] 宋琦. Yb : Er 共掺 Al_2O_3 光波导放大器制备工艺及非均匀掺 Er 光波导理论设计 [D]. 辽宁: 大连理工大学, 2005.

[76] 李建勇，李成仁，王丽阁，等. Yb : Er 共掺 Al_2O_3 薄膜光致发光特性优化 [J]. 光子学报, 2006, 35(11): 1746-1751.

[77] 巢明，李淑凤，宋昌烈. 掺 Er^{3+} Al_2O_3 平面光波导放大器理论计算 [J]. 大连理工大学学报, 2001, 41(1): 24-28.

[78] 冉冰，宋昌烈，熊前进，等. 掺 Er^{3+} Al_2O_3 光波导放大器增益特性的模拟计算 [J]. 光电子 · 激光, 2001, 12(4): 347-350.

[79] 李淑凤. 掺 Er 及 Yb-Er 共掺 Al_2O_3/SiO_2/Si 光波导放大器的理论设计 [D]. 辽宁: 大连理工大学, 2005.

[80] Pasquale F D, Zoboli M. Analysis of erbium-doped waveguide amplifiers by a full-vectorial finite-element method [J]. J Lightwave Technol., 1993, 11(10): 1565-1573.

[81] Li J Y, Li C R, Li S F, et al. Frequency upconversion luminescence in Yb^{3+}/Er^{3+} co-doped silicate glass [J]. J. Rare Earths, 2006, 24(S2): 51-54.

[82] 陈奕, 周东祥. 热电偶热电势—温度特性的线性化处理 [J]. 仪表技术与传感器, 1999(4): 31-32.

[83] 沈永行. 从室温到1800℃全程测温的蓝宝石单晶光纤温度传感器 [J]. 光学学报, 2000(1): 83-87.

[84] Silva C J, Arauio M T. Thermal effect on upconversion fluorescence emission in Er^{3+}-doped chalcogenide glasses under anti-Stokes, Stokes and resonant excitation [J]. Optical Materials, 2003(3): 275-282.

[85] Singh A K, Rai S B, Rai D K. Optical properties and upconversions in Er^{3+} doped Li : TeO_2 glass [J]. Solid State Communications, 2005(3): 346-350.

[86] Aizawa H, Takei K, Katsumata T, et al. Temperature measurement using Er doped SiO_2 glass [J]. SICE 4th Annual Conference, 2004(3): 2494-2497.

[87] 李成仁. 掺 $ErAl_2O_3$ 薄膜制备工艺、光波导增益特性的理论与实验研究 [D]. 辽宁: 大连理工大学, 2004.

[88] Stepikhova M, Paleshofer L, Jantsch W, et al. 1.5μm infrared photoluminescence phenomena in Er-doped porous silicon [J]. Appl. Phys. Lett., 1999, 74(4): 537-539.

[89] 陈维德, 梁建军. 掺 Er a-Si : H,O 薄膜 1.54μm 光致发光和微结构 [J]. 半导体学报, 2000, 21(10): 988-992.

[90] 毛艳丽, 邓佩珍, 干福熹, 等. 掺 Yb 磷酸盐玻璃的光谱特性 [J]. 发光学报, 2002, 23(4): 152-155.

[91] 柳祝平, 戴世勋, 胡丽丽, 等. Yb^{3+}, Er^{3+} 共掺磷酸盐 Er 玻璃光谱性质研究 [J]. 中国激光, 2001, 28(5): 467-470.

[92] 张慧玉, 赵静, 郭强, 等. 掺铒富硅氧化硅发光器件电致发光衰减机制 [J]. 河北大学学报(自然科学版), 2017, 37(4): 360-363.

[93] 王兴军, 周治平. 硅基光电集成用铒硅酸盐化合物光源材料和器件的研究进展 [J]. 中国光学, 2014, 7(2): 274-280.

[94] 朱伟君, 陈金鑫, 高宇晗, 等. 硅基掺铒二氧化钛薄膜发光器件的电致发光: 共掺镱的增强发光作用 [J]. 物理学报, 2019, 68(12): 115-121.

[95] 胡捷, 袁梦, 杨德仁, 等. 基于能量传递的掺铒氧化硅薄膜电致发光 [J]. 材料科学与工程学报, 2022, 40(4): 547-550,566.

[96] 高志飞, 朱辰, 马向阳, 等. 氩等离子体处理增强 TiO_2 : Er/p^+-Si 异质结器件的电致发光 [J]. 材料科学与工程学报, 2017, 35(4): 524-527,533.

[97] 屈海京, 陶利, 王维, 等. 有机发光二极管中 ADN 掺杂 ErQ 的 1.54μm 电致发光(英

文）[J]. 红外与毫米波学报，2014，33(1)：31-35.
[98] 洪自若，梁春军，赵丹，等. Er配合物的红外有机电致发光 [J]. 发光学报，2000，21(3)：269-273.
[99] 刘海旭，孙甲明，孟凡杰，等. Er离子注入的富硅 SiO_2 MOS-LED的可见和红外电致发光特性 [J]. 发光学报，2011，32(8)：749-754.
[100] 陈谋智，柳兆洪，王余姜，等. 薄膜 ZnS：Er^{3+} 的近红外发光 [J]. 厦门大学学报(自然科学版)，1997，36(4)：545-547
[101] 徐玲玲，骆开均，张黎芳，等. 新型含长链 β-二酮环状金属铂配合物的光致发光和电致发光研究 [J]. 功能材料，2007，38(11)：1766-1768.
[102] 黄建浩，李东升，王明华，等. 富 Si 的 SiN 薄膜光致发光及电致发光研究 [J]. 半导体技术，2008，33(5)：388-390,421.
[103] 白青龙，张春花，程传辉，等. 新型可溶性酞菁的合成和光致发光及电致发光性质 [J]. 物理化学学报，2011，27(5)：1195-1200.
[104] 何月娣，徐征，赵谡玲，等. 混合量子点器件电致发光的能量转移研究 [J]. 物理学报，2014，63(17)：261-266.
[105] 孟庆芳，陈鹏，郭媛，等. 深能级对白光LED的电致发光和I-V特性的影响 [J]. 半导体技术，2011，36(10)：751-754,812.
[106] 肖英勃，祁争健，孙岳明，等. 噻吩类电致发光材料的能级结构及光电性能研究 [J]. 材料导报，2008，22(6)：118-120.
[107] 陈德媛，冒昌银，刘宇，等. 衬底掺杂浓度对 p-i-n 结构电致发光的增强作用 [J]. 南京邮电大学学报(自然科学版)，2011，31(5)：97-100.
[108] Song Q, Song C L, Li C R, et al. Design for non-uniformly doped Erbium-doped waveguide amplifiers in the propagation direction [J]. Optics Communications, 2005, 248: 1.
[109] Song Q, Li C R, Song C L, et al. Optical property of non-uniform Er doped and Yb: Er co-doped waveguide amplifiers[C]. Proceeding of SPIE, 2005, 112: 6019.
[110] 李建勇. 镱铒共掺光波导材料发光特性研究及放大器优化设计 [D]. 辽宁：大连理工大学，2006.
[111] 史冬霞，梁齐，周思林，等. 脉冲激光沉积制备 ZnO 电致发光器件的研究进展 [J]. 科技创新导报，2010(19)：10,12.
[112] 刘启坤，孔金霞，朱凌妮，等. 电致发光用于大功率半导体激光器失效模式分析(英文) [J]. 发光学报，2018，39(2)：180-187.
[113] 聂海，张波，唐先忠. 聚合物掺杂有机小分子发光二极管的电致发光与杂质陷阱效应 [J]. 物理学报，2007，56(1)：263-267.
[114] 锁钒，于军胜，邓静，等. 芴-咔唑新型共聚物/PVK 掺杂体系的电致发光特性研究

[J]. 物理学报, 2007, 56(11): 6685-6690.

[115] 宋林, 徐征, 赵谡玲, 等. 一种新型共掺杂稀土配合物 $Gd_{0.5}Eu_{0.5}(TTA)_3Dipy$ 的电致发光特性 [J]. 中国稀土学报, 2007, 25(3): 264-268.

[116] 聂海, 唐先忠, 陈祝, 等. 有机小分子掺杂的聚合物发光二极管电致发光及其发射机制 [J]. 半导体学报, 2008(8): 1575-1580.

[117] 杨鑫伟, 王小平, 王丽军, 等. 硼掺杂金刚石/二硫化钼/金刚石复合膜的电致发光特性 [J]. 材料科学与工程学报, 2022, 40(3): 430-434,498.

[118] 张枫娟, 宋继中, 蔡波, 等. 胺基掺杂稳定蓝光钙钛矿发光二极管的电致发光颜色(英文) [J]. Science Bulletin, 2021, 66(21): 2189-2198.

[119] 曾凡菊, 谭永前, 张小梅, 等. 锡掺杂 $CsPbBr_3$ 量子点的合成及其光电性能研究 [J]. 光学学报, 2021, 41(4): 158-165.

[120] 李宁, 陈笑, 蔡园园, 等. ZnO 纳米晶掺杂的有机电致发光特性 [J]. 中央民族大学学报(自然科学版), 2016, 25(2): 92-96.

[121] 王丽军, 王子, 朱玉传, 等. Ce^{3+} 注入掺杂金刚石薄膜蓝区电致发光研究 [J]. 光学学报, 2011, 31(3): 298-301.

[122] 张磊, 胡玉才, 余双江, 等. PVK : ACY 掺杂体系的电致发光特性 [J]. 科技导报, 2010, 28(3): 41-45.

[123] 沙一平, 朱辰, 赵泽钢, 等. TiO_2 薄膜的硼掺杂对 TiO_2/p^+-Si 异质结器件电致发光的增强[J]. 发光学报, 2015, 36(4): 389-394.

[124] 叶志镇, 曾昱嘉, 卢洋藩, 等. ZnO 薄膜 p 型掺杂及同质 p-n 结的室温电致发光 [J]. 中国科技论文在线, 2007, 2(5): 317-319.

[125] 崔梦男, 李沛航, 万玉春. 高压高温制备 Sb 掺杂的 P 型 ZnO 及电致发光 [J]. 长春理工大学学报(自然科学版), 2015, 38(6): 87-90.

[126] Cappelli E, Orlando S, Pinzari F, et al. WC-Co cutting tool surface modifications induced by pulsed laser treatment [J]. Applied Surface Science, 1999, 138/139: 376-382.

[127] 于威, 何杰, 孙运涛, 等. 碳化硅薄膜脉冲激光晶化特性研究 [J]. 物理学报, 2004, 53(6): 1930.

[128] 李成仁, 宋世德, 周松强, 等. 镱铒共掺 Al_2O_3 薄膜激光退火研究 [J]. 光学学报, 2007, 27(7): 1322-1326.

[129] 张国恒, 马书懿, 陈彦, 等. C 镶嵌 SiO_2 薄膜电致发光谱的数值分析 [J]. 功能材料, 2008, 39(1): 145-147.

[130] 林家齐, 杨文龙, 王玮, 等. 高直流电场下 PET 薄膜的电致发光及其可靠性 [J]. 发光学报, 2008, 29(1): 56-60.

[131] 李勇, 马书懿, 蔡利霞, 等. 锗/氧化硅和碳/氧化硅薄膜电致发光的比较研究 [J]. 甘

肃科技, 2009, 25(7): 56-57.

[132] 林家齐, 王玮, 倪海芳, 等. 高直流电场下 PET 薄膜的电致发光及电流特性 [J]. 哈尔滨理工大学学报, 2009, 14(1): 106-107,111.

[133] 贺英, 王均安, 谌小斑, 等. 硅衬底上聚丙烯酰胺/氧化锌纳米线薄膜蓝色发光二极管 [J]. 高分子学报, 2009(1): 1-6.

[134] 陈文志, 张军, 段亚凡, 等. 硅薄膜太阳电池的电致发光与 I-V 特性研究 [J]. 光电子·激光, 2019, 30(5): 459-467.

[135] 冉广照, 文杰, 尤力平, 等. Ag 纳米颗粒对富 Ag 二氧化硅薄膜电致发光谱的影响 [J]. 光谱学与光谱分析, 2011, 31(9): 2324-2327.

[136] 张瑞捷, 陈培良, 马向阳, 等. 硅基 Zn_2SiO_4 : ZnO 薄膜的电致发光 [J]. 材料科学与工程学报, 2010, 28(4): 498-500,513.

[137] 佟洪波, 柳青. 薄膜电致发光材料的研究进展 [J]. 表面技术, 2008, 37(3): 65-67.

[138] 张安邦, 马向阳, 金璐, 等. 溅射的 Ti 薄膜热氧化形成的 TiO_2 薄膜与 p^+-Si 形成的异质结的电致发光 [J]. 发光学报, 2011, 32(5): 471-475.

[139] 高松, 赵谡玲, 徐征, 等. 氧化锌纳米颗粒薄膜的近紫外电致发光特性研究 [J]. 物理学报, 2014, 63(15): 382-388.

[140] 李贝贝, 王小平, 王丽军, 等. SiO_2/CeF_3 复合薄膜的电致发光 [J]. 材料科学与工程学报, 2022, 40(6): 956-960,968.

[141] 蔡文浩, 黄建浩, 李东升, 等. N_2O 等离子体处理对富硅氮化硅薄膜发光的影响 [J]. 材料科学与工程学报, 2009, 27(1): 132-134.

[142] 林泽文, 林圳旭, 宋超, 等. 富硅 a-SiO_xN_y : H 薄膜的电致发光特性 [J]. 发光学报, 2013, 34(11): 1479-1428.

[143] 岑继文, 李新军, 何明兴, 等. 镧在 TiO_2 薄膜中的非均匀掺杂对光催化性能的影响 [J]. 中国稀土学报, 2005, 23(6): 668-673.

[144] 刘晓珍, Munir Z A, 邹从沛. 两层 $FeSi_2$ 非均匀掺杂梯度材料热电性能研究 [J]. 核动力工程, 2004, 25(3): 246-248.

[145] 杨亚军, 李清山, 刘宪云, 等. 多孔硅异质结电致发光器件发光特性研究 [J]. 激光技术, 2007, 31(2): 166-168.

[146] 常艳玲, 张琦锋, 孙晖. ZnO 纳米线双绝缘层结构电致发光器件制备及特性研究 [J]. 物理学报, 2007, 56(4): 2399-2404.

[147] 王伟平, 李志强, 徐丽云, 等. 激活剂对粉末电致发光材料发光性能的影响 [J]. 河北大学学报(自然科学版), 2007, 27(2): 143-146.

[148] 黄哲, 张勇, 曾文进, 等. 含有萘并噻二唑的红光电致发光聚合物的合成和性能研究 [J]. 高等学校化学学报, 2007, 28(3): 584-587.

[149] 边继明，刘维峰，胡礼中，等．超声喷雾热解法生长氧化锌同质 p-n 结及其电致发光性能研究 [J]．无机材料学报，2007，22(1)：173-175.

[150] 陈彦，马书懿．Au/锗/氧化硅纳米多层膜/p-Si 结构的电致发光机制研究 [J]．功能材料，2007，38(1)：142-143,147.

[151] 王文邓，夏玉娟，王安宝，等．平面显示用 ZnS 型电致发光材料的制备研究 [J]．无机材料学报，2008，23(1)：185-189.

[152] 邓静，谢光忠，于军胜，等．新型芴-咔唑共聚物电致发光性质的研究 [J]．光电子·激光，2007，18(11)：1326-1328.

[153] 杨健，管世振，朱宁．以陶瓷厚膜为绝缘层的橙色电致发光器件的研究 [J]．天津理工大学学报，2007，23(5)：53-54.

[154] 杨建新，文金霞，徐龙鹤．4-苯乙炔-1，8-萘酰亚胺荧光化合物的合成及电致发光性能 [J]．发光学报，2007，28(4)：498-504.

[155] 范薇，王彬彬，王燕平，等．一种新型铕配合物的合成和电致发光性能的研究 [J]．稀有金属，2007，31(S1)：82-84.

[156] 李哲峰，张洪杰．稀土有机配合物电致发光研究进展 [J]．高等学校化学学报，2008，29(12)：2597-2608.

[157] 熊莎，黄世华，唐爱伟，等．基于 MEH-PPV/ZnSe 纳米复合器件的电致发光特性的研究 [J]．光谱学与光谱分析，2008，28(2)：249-252.

[158] 杨凯，张冠军，孙涵，等．聚合物绝缘材料电致发光现象研究的进展 [J]．高电压技术，2008，34(1)：21-26.

[159] 邓建平，史钋辉，廖学巍，等．聚硅烷电致发光材料的研究 [J]．有机硅材料，2008，22(1)：19-23.

[160] 孙凯，杨新春．高分子发光材料研究的进展 [J]．科技信息，2009(17)：432-434.

[161] 张小舟，祖立武，朱清梅．PPV 类电致发光材料的合成及发光性能研究进展 [J]．科技创新导报，2009(15)：16-18.

[162] 张诚，王纳川，徐意，等．聚合物电致发光材料及其发光颜色调节的研究进展 [J]．高分子通报，2009(5)：54-62.

[163] 杨凯，董明，张冠军，等．交流电压下聚合物绝缘材料电致发光特性 [J]．电工技术学报，2009，24(3)：31-35.

[164] 黄立漳，林振宇，陈国南．纳米金/碳纳米管复合材料修饰电极催化鲁米诺电致发光体系的研究 [J]．分析科学学报，2009，25(1)：47-50.

[165] 刘萍，李宇，韦闯闯，等．界面调控对柔性量子点电致发光器件性能的影响 [J]．发光学报，2023，44(4)：641-656.

[166] 王达浩，谢凤鸣，魏怀鑫，等．双苯磺酰基苯类延迟荧光材料的合成及电致发光性质

[J]. 材料导报, 2023, 37(4): 215-219.

[167] 何翔. 基于 DCGANs 的半片光伏组件电致发光图像增强技术 [J]. 应用光学, 2023, 44(2): 314-322.

[168] 吴德晗, 刘邓辉, 刘芬, 等. 含有不同氮原子取向的大分子蓝色发光材料的制备及电致发光性能研究 [J]. 丽水学院学报, 2022, 44(2): 20-27.

[169] 李梦珂, 陈子健, 邱伟栋, 等. 纯有机电致室温磷光材料与器件研究进展 [J]. 发光学报, 2023, 44(1): 90-100.

[170] 郑静霞, 苗艳勤. 荧光碳点基电致发光二极管的研究进展 [J]. 太原理工大学学报, 2022, 53(2): 183-196.

[171] 叶慧娟, 李洪科, 方磊. 一种电致发光电路板故障检测方法研究 [J]. 电子测量技术, 2022, 45(2): 166-172.

[172] 郭闰达, 刘威, 应士安, 等. 超高效率的深蓝光蒽基发光材料: 设计、合成、光物理与电致发光机制(英文) [J]. Science Bulletin, 2021, 66(20): 2090-2098.

[173] 冒俊杰, 高洪艺, 李成敏, 等. 基于电致发光效应的非接触式碳化硅 MOSFET 结温在线检测方法研究 [J]. 中国电机工程学报, 2022, 42(3): 1092-1103.

[174] Farrukh A, 田晓俊, 孔繁芳, 等. 单个铂酞菁分子在正负偏压激发下的电致发光特性研究(英文) [J]. Chinese Journal of Chemical Physics, 2021, 34(1): 87-94.

[175] 常鹏, 韩春苗, 许辉. 近红外有机小分子电致发光材料研究进展 [J]. 液晶与显示, 2021, 36(1): 62-77.

[176] 陶鹏, 郑小康, 尹梦娜, 等. 新型宽谱带黄色磷光铱(Ⅲ)配合物的合成、光物理性质及其高效电致发光 [J]. 液晶与显示, 2021, 36(1): 1-7.

[177] 邓云洲, 金一政. 量子点电致发光的黎明 [J]. 物理, 2020, 49(12): 852-857.

[178] 马桂艳, 张红妹, 史金超, 等. 基于电致发光的太阳能电池检测方法研究 [J]. 光电子技术, 2020, 40(3): 213-216.

[179] 项国姣, 高薇, 付宏远, 等. p-NiO/MQWs/n-GaN 异质结器件制备及其特性的研究 [J]. 光电子技术, 2020, 40(3): 180-185.

[180] 闫萍, 王赶强. 电致发光成像测试晶体硅光伏组件缺陷的方法标准解读 [J]. 信息技术与标准化, 2020(9): 29-31.

[181] 贾云飞, 汲胜昌, 杨欣颐, 等. 基于电致发光效应的电压传感特性研究 [J]. 中国电机工程学报, 2020, 40(17): 5547-5557.

[182] 李小康, 左宏剑, 马玉芹, 等. 双发光层有机电致发光器件的制备及性能研究 [J]. 化工新型材料, 2020, 48(5): 71-75.

[183] 杨振宇, 秦川江, 宁志军, 等. 低维钙钛矿产生强电致发光(英文) [J]. Science Bulletin, 2020, 65(13): 1057-1060.

[184] 韩春苗, 许辉. 膦基电致发光材料及器件的研究进展 [J]. 科学通报, 2019, 64(7): 663-681.

[185] 张尧, 张杨, 董振超. 单分子尺度的光量子态调控与单分子电致发光研究 [J]. 物理学报, 2018, 67(22): 79-91.

[186] 申赫, 王岩岩. 利用雪崩倍增过程在 $CH_3NH_3PbI_3$ 中实现电致发光 [J]. 中国金属通报, 2018(8): 132-133.

[187] 杨新, 郭伟玲, 李松宇, 等. LEC 有源层对其电致发光性能的影响 [J]. 照明工程学报, 2018, 29(1): 7-12,46.

[188] 苏艳, 杨朝龙, 李又兵. 红光铕配合物电致发光材料研究进展 [J]. 材料科学与工程学报, 2018, 36(2): 324-330.

[189] 方栋, 沈卫平, 李涛. 分子尺度电致发光器件 [J]. 化学通报, 2017, 80(9): 795-801.

[190] 林剑春, 杨爱军, 沈熠辉. 电致发光缺陷检测仪的成像性能评估 [J]. 光学精密工程, 2017, 25(6): 1418-1424.

[191] 王盛强, 李婷婷. 晶体硅组件电致光(EL)检测应用及缺陷分析 [J]. 科技创新与应用, 2016(1): 89-90.

[192] 陈家荣, 张羽. 场效应增强硅纳米晶电致发光强度的研究 [J]. 科技创新导报, 2015, 12(19): 21,23.

[193] 田金承, 杨志伟. 多孔硅的电致发光研究 [J]. 青岛大学学报(自然科学版), 2015, 28(2): 22-24,29.

[194] 胡炼, 吴惠桢. 基于量子点-CBP 混合层的量子点 LED 的制备 [J]. 发光学报, 2015, 36(10): 1106-1112.

[195] 汤英文, 熊传兵, 井晓玉. 量子垒结构对 Si 衬底 GaN 基绿光 LED 光电性能的影响 [J]. 发光学报, 2016, 37(3): 327-331.

[196] 陈毅翔, 赵谡玲, 徐征, 等. 电致发光衰减测量系统的搭建及应用 [J]. 光谱学与光谱分析, 2017, 37(7): 1993-1996.

[197] 文丰, 梁胜利, 李家明. 喹啉铟配合物的合成和在有机电致发光材料上的应用研究 [J]. 广东化工, 2015, 42(6): 96-97.

[198] 鲁伟明, 李省, 张付特, 等. 基于不同电压下的电致发光和红外成像的太阳能电池缺陷检测 [J]. 发光学报, 2014, 35(12): 1511-1519.

[199] 任攀, 吴凌远, 王伟平, 等. 高温导致三结太阳电池电致发光谱变化 [J]. 激光与光电子学进展, 2014, 51(12): 194-198.

[200] 骆开均, 陈艳芳, 苏祎伟, 等. 一类以菲衍生物为配体的新型红色到近红外磷光配合物的合成及其光致和电致发光性质 [J]. 中国科学: 化学, 2014, 44(10): 1536-1544.

[201] 贾昊鑫, 刘晨, 卓闽杰, 等. 基于蒽基的稠环芳香烃蓝光主体发光材料的合成及其电致

发光性质的研究［J］. 南京邮电大学学报(自然科学版)，2014，34(4)：112-118.

［202］周长友，吕建党，朱鑫. 电致发光技术在非晶硅组件量产中的应用［J］. 太阳能，2014(6)：34-37.

［203］翟影，阮永丰，张灵翠，等. ZnO 纳米棒的电致发光研究［J］. 人工晶体学报，2014，43(5)：1029-1036.

［204］李恒达，刘心中，吴伟钦. 基于稀土-配合物界面激基复合物的电致发光及光伏特性［J］. 河北师范大学学报(自然科学版)，2014，38(2)：162-164.

［205］林圳旭，林泽文，张毅，等. 基于纳米硅结构的氮化硅基发光器件电致发光特性研究［J］. 物理学报，2014，63(3)：396-399.

［206］Mary. 物理所忆阻器的可调电致发光取得进展［J］. 今日电子，2013(12)：25.

［207］张晓晋，何志群，梁春军，等. 基于聚苯撑苯并二恶唑的多功能光电器件［J］. 北京交通大学学报，2013，37(6)：131-134.

［208］陈文志，张凤燕，张然，等. 基于电致发光成像的太阳能电池缺陷检测［J］. 发光学报，2013，34(8)：1028-1034.

［209］程志明，张福俊. 稀土有机配合物 $Tb(aca)_3phen$ 的合成及发光特性［J］. 光学学报，2013，33(7)：257-260.

［210］翟保才，张文君，吴奉炳，等. 半导体量子点电致发光器件用于航空舱内照明的可行性研究［J］. 照明工程学报，2013，24(2)：92-96.

［211］马新尖，林涛. 单晶硅太阳电池电致发光缺陷及工艺影响因素分析［J］. 激光与光电子学进展，2013，50(3)：139-145.

［212］李文连. 有机 EL 新进展［J］. 液晶与显示，1996，11(2)：155-163.

［213］徐国亮，谢会香，贾光瑞，等. 光功能导向的 SiNN 分子电致发光特性研究［J］. 原子与分子物理学报，2012，29(6)：965-969.

［214］李天乐，李晓，李文连. 红荧烯衍生物的红光电致发光器件及其在照明中的应用［J］. 功能材料，2012，43(22)：3171-3174.

［215］姜修成，张丹耘，焦璐，等. 一种螺旋二芴类蓝色电致发光材料的合成及性能研究［J］. 化学试剂，2013，35(10)：921-924.

［216］刘治田，胡苏军，张林骅，等. 含 1，1-二(4-(N，N-二甲基胺基)苯基)-2，3，4，5-四苯基噻咯的聚合物在三种阴极结构中的电致发光性能［J］. 中国科学：化学，2013，43(4)：448-456.

［217］赵晨，李昊，郑亚萍. 高分子电致发光材料及器件的研究进展［J］. 材料开发与应用，2012，27(5)：81-86.

［218］许并社，徐阳，王华，等. 白光聚合物电致发光器件及其材料的研究进展［J］. 材料导报，2011，25(21)：1-7.

[219] 殷月红, 邓振波, 伦建超, 等. ZnSe(ZnS)纳米晶与 MEH-PPV 的共掺有机电致发光器件 [J]. 发光学报, 2012, 33(2): 171-175.

[220] 卞春雷, 江国新, 程延祥, 等. 基于聚芳醚的双色白光聚合物的合成与光物理及电致发光性能 [J]. 高分子学报, 2012(3): 334-343.

[221] 王丽辉, 翁慧. 铕的配合物的电致发光性质研究 [J]. 内蒙古民族大学学报(自然科学版), 2012, 27(3): 260-261,265.

[222] 徐伟, 严敏逸, 许杰, 等. 纳米硅量子点/氮化硅三明治结构的电致发光 [J]. 中国激光, 2012, 39(7): 164-168.

[223] 戴俊, 王保珠, 秦磊. ZnO : Al/n-ZnO/p-GaN 异质结电致发光特性研究 [J]. 电子元件与材料, 2012, 31(10): 25-27.

[224] 阮永丰, 李岚. 纳米氧化锌电致发光的研究进展 [J]. 人工晶体学报, 2012, 41(S1): 80-92.

[225] 王建营, 冯长根, 曾庆轩. 螺噁嗪的光开关特性对聚合物电致发光性能的影响 [J]. 功能材料与器件学报, 2012, 18(4): 291-296.

[226] 周亮, 邓瑞平, 郝召民, 等. 一种具有稳定发射光谱的高效率白色有机电致发光器件 [J]. 化学学报, 2012, 70(18): 1904-1908.

[227] 王超, 蒋晓瑜, 柳效辉. 基于电致发光成像理论的硅太阳电池缺陷检测 [J]. 光电子·激光, 2011, 22(9): 1332-1336.

[228] 赵玮, 赵春宝, 孙可, 等. 恶二唑基聚芴型高分子电致发光材料的合成与光电性能分析 [J]. 工程塑料应用, 2011, 39(9): 68-70.

[229] 宿世臣, 吕有明. ZnMgO/n-ZnO/ZnMgO/p-GaN 异质结 LED 的紫外电致发光 [J]. 发光学报, 2011, 32(8): 821-824.

[230] 莫越奇, 常学义, 胡苏军, 等. 苯基取代聚苯撑乙烯的合成及其电致发光性能(英文) [J]. 物理化学学报, 2011, 27(5): 1188-1194.

[231] 李艳华, 潘淼, 庞爱锁, 等. 电致发光成像技术在硅太阳能电池隐性缺陷检测中的应用 [J]. 发光学报, 2011, 32(4): 378-382.

[232] 史强, 张俊英, 王长征, 等. $ZnGa_2O_4 : Mn^{2+}$ 粉末的电致发光性能 [J]. 材料科学与工程学报, 2010, 28(6): 942-945.

[233] 朱海娜, 徐征, 赵谡玲, 等. 量子阱结构对有机电致发光器件效率的影响 [J]. 物理学报, 2010, 59(11): 8093-8097.

[234] 陈小琴, 安国斐, 曾小军, 等. 双模板法制备分级孔 ZnO 及其电致发光性能 [J]. 功能材料, 2010, 41(9): 1494-1496,1500.

[235] 夏道成, 李万程, 韩双, 等. 新型不对称酞菁的电致发光性质研究 [J]. 光谱学与光谱分析, 2010, 30(9): 2335-2339.

[236] 谢妍，秦实宏，李素芬. 电致冷光源的发光技术及其应用研究 [J]. 科技信息，2010(24)：119-120.

[237] 黄锐，王旦清，王祥，等. 掺氧氮化硅发光二极管的发光特性研究 [J]. 激光与红外，2010，40(8)：901-903.

[238] 杨淑霞. 含噁二唑类有机电致发光材料的研究进展 [J]. 广州化工，2010，38(12)：81-83.

[239] 高银浩，闫雷兵. 基于 CdSe 纳米晶发光器件的电致发光特性的研究 [J]. 光谱实验室，2010，27(4)：1625-1628.

[240] 辛琦，姚剑敏，李文连，等. 含氮杂菲类中性配体的铕配合物电致发光研究 [J]. 现代显示,2010,(12)：20-22,26.

[241] 张勇，刘荣，雷衍连，等. 基于 Alq_3 的有机发光二极管中的瞬时荧光与延迟荧光 [J]. 中国科学：物理学　力学　天文学，2010，40(4)：416-424.

[242] 史强，王长征，王利，等. $ZnGa_2O_4$: Eu^{3+} 红色荧光粉的光致及电致发光性能 [J]. 聊城大学学报(自然科学版)，2010，23(1)：20-23.

[243] 闫光，张福俊，徐征，等. 一种新型稀土配合物 $Eu(TTA)(2NH_2\text{-}Phen)_3$ 的发光特性研究 [J]. 光谱学与光谱分析，2009，29(12)：3228-3231.

[244] 汤多峰，朱平，杨果. 可交联电致发光聚合物的研究进展 [J]. 广东科技，2009，18(22)：35-41.

[245] 乔智. 新型电致发光聚合物的合成 [J]. 长春理工大学学报(自然科学版)，2009，32(3)：416-419.

[246] 乔智. 新型芴类电致发光聚合物的合成(英文) [J]. 陕西科技大学学报(自然科学版)，2009，27(3)：17-22.

[247] 乔智. 一种含氰基电致发光聚合物的合成 [J]. 长春理工大学学报(自然科学版)，2009，32(2)：319-322.

[248] 薛震，张宏科，张玉祥. $Zn(BTZ)_2$ 的合成及其杂质含量对电致发光器件性能的影响 [J]. 化学工程与装备，2009(6)：13-15.

[249] 黄锐，董恒平，王旦清，等. 基于 Si-rich SiN_x/N-rich SiN_y 多层膜结构电致发光特性研究 [J]. 物理学报，2009，58(3)：2072-2076.

[250] 孙甲明，张俊杰，杨阳，等. 稀土离子注入的硅材料 MOS 结构高效率电致发光器件 [J]. 材料科学与工程学报，2009，27(1)：121-124.

[251] 徐伟涛，赵晓鹏. 介孔 ZnS : Mn^{2+} 的制备及其电致发光性能的研究 [J]. 功能材料，2009，40(8)：1255-1257.

[252] 王玲玲，陈小琴，赵晓鹏. CdS/ZnO 复合颗粒的制备与电致发光性能 [J]. 功能材料，2009，40(8)：1305-1308.

[253] 肖立新, 胡双元, 孔胜, 等. 蓝色荧光小分子电致发光材料 [J]. 光学学报, 2010, 30(7): 1895-1903.

[254] 李炳辉, 姚斌, 李永峰, 等. 生长在 p-GaAs 衬底上的 ZnO 基异质结二极管电致发光 [J]. 发光学报, 2010, 31(6): 854-858.

[255] 史志锋, 伍斌, 蔡旭浦, 等. MOCVD 法制备的 p-ZnO/n-SiC 异质结器件及其电致发光性能 [J]. 发光学报, 2012, 33(5): 514-518.

[256] 宣荣卫, 张晓松, 牛喜平, 等. ZnO 量子点/SiO_2 复合器件的可调控电致发光研究 [J]. 光电子 · 激光, 2011, 22(11): 1613-1616.

[257] 林杰, 刘晓新, 褚明辉, 等. 利用微腔调节铕配合物实现多色电致发光 [J]. 发光学报, 2013, 34(4): 484-487.

[258] 蒋昊天, 杨扬, 汪粲星, 等. SnO_2/p^+-Si 异质结器件的电致发光: 利用 TiO_2 盖层提高发光强度 [J]. 物理学报, 2014, 63(17): 267-271.

[259] 郭贵林, 林思未. 高分子电致发光材料结构设计方法概述 [J]. 科技展望, 2016, 26(27): 138.

[260] 陈凯, 周亮, 段羽, 等. 稀土配合物在有机电致发光器件中的应用 [J]. 中国科学: 化学, 2018, 48(8): 866-873.

[261] 李长胜, 陈佳, 王伟岐, 等. ZnS : Cu 电致发光电压传感器及其温度漂移补偿 [J]. 中国光学, 2017, 10(4): 514-521.

[262] 蒋成伟, 沙源清, 袁佳磊, 等. 电致发光的完全悬空超薄硅衬底氮化镓基蓝光 LED 器件的制备与表征 [J]. 中国光学, 2021, 14(1): 153-162.

[263] 周啸宇, 张晶, 赵风周, 等. $CsPbI_3$/ZnO/GaN 纳米复合结构制备及其电致发光特性 [J]. 发光学报, 2021, 42(11): 1748-1755.

[264] 赵晨静, 于跃, 代锦飞, 等. 基于钙钛矿量子点的电致发光二极管研究进展 [J]. 科学通报, 2021, 66(17): 2139-2150.

[265] 郭素文, 杨伟峰, 胡云浩, 等. 硫化锌电致发光材料在智能可穿戴领域研究进展 [J]. 发光学报, 2022, 43(5): 796-806.

索　　引